Axel Kwet

Reptilien und Amphibien Europas

KOSMOS

Umschlaggestaltung von eStudio Calamar, Pau, unter Verwendung von Fotos von Axel Kwet

Mit 317 Farbfotos und 6 Zeichnungen

Bibliografische Information der Deutschen Bibliothek
Die Deutsche Bibliothek verzeichnet diese Publikation in der Deutschen Nationalbibliografie; detaillierte bibliografische Daten sind im Internet über http://dnb.ddb.de abrufbar.

Gedruckt auf chlorfrei gebleichtem Papier

ISBN-10: 3-440-10237-8
ISBN-13: 9-78-3-440-10237-4
Projektleitung: Stefanie Tommes/ Teresa Baethmann
Lektorat: Bärbel Oftring
Produktion: Siegfried Fischer
Grundlayout: eStudio Calamar
Printed in Czech Republic / Imprimé en République tchèque

Bildnachweis

Akeret (S. 58, 68, 88, 119o, 137, 150, 168, 176, 191, 193u, 210, 211, 221, 228u, 239 beide, 243), Amat (S. 23o, 51u, 67, 147u, 155, 159 beide, 235u, 242), Aquilar (S. 63u), Billing (S. 237u), Bischoff (S. 22o, 152, 153, 177, 188, 189), Böhme (S. 56, 57o, 71u, 79o, 131u, 133u, 145o, 151, 157o, 167u, 175, 183u), Carretero (S. 203), Grabert (S. 107o, 127u, 162u, 172, 229o), Hallermann (S. 185), Hecker/Sauer (S. 72, 73 beide, 74, 128, 202), C. König (S. 66, 200), R. König (S. 55), Kühnel (S. 45), Martinez-Solano (S. 22u, 26, 29 beide, 44, 51o, 64, 147o, 165, 215), Nöllert (S. 23ul, 25 beide, 27, 34, 38, 46, 52, 53o, 57u, 61 beide, 62, 65, 69, 79u, 81o, 85u, 89 beide, 95u, 101, 102, 105o, 112, 119u, 120, 122, 129, 132, 133o, 134, 135o, 138, 141u, 142, 144, 154, 156, 157u, 160, 161o, 164, 169, 171u, 173, 175o, 178, 179 beide, 182, 184, 192, 194, 195, 197u, 199u, 204, 205, 206, 207 beide, 213 beide, 220, 226, 227 beide, 229u, 231u, 234, 236, 238, 240), Pauler (S. 23ur), Rivera (S. 32, 33, 50, 54, 146, 166, 167o, 190), Rödel (S. 28, 108, 241o), Solé (S. 31o, 149o, 183o, 193o, 214, 222, 223u, 225u, 228o, 233u), Stephan (S. 92o, 139u), Vetter (S. 237o), Ziegler (S. 47u, 235o), alle übrigen vom Autor.
Die Zeichnungen stammen von Wolfgang Lang.

Das Foto auf S. 2/3 zeigt eine Perleidechse (*Timon lepidus*), das auf S. 18/19 einen Kleinen Wasserfrosch (*Rana lessonae*).

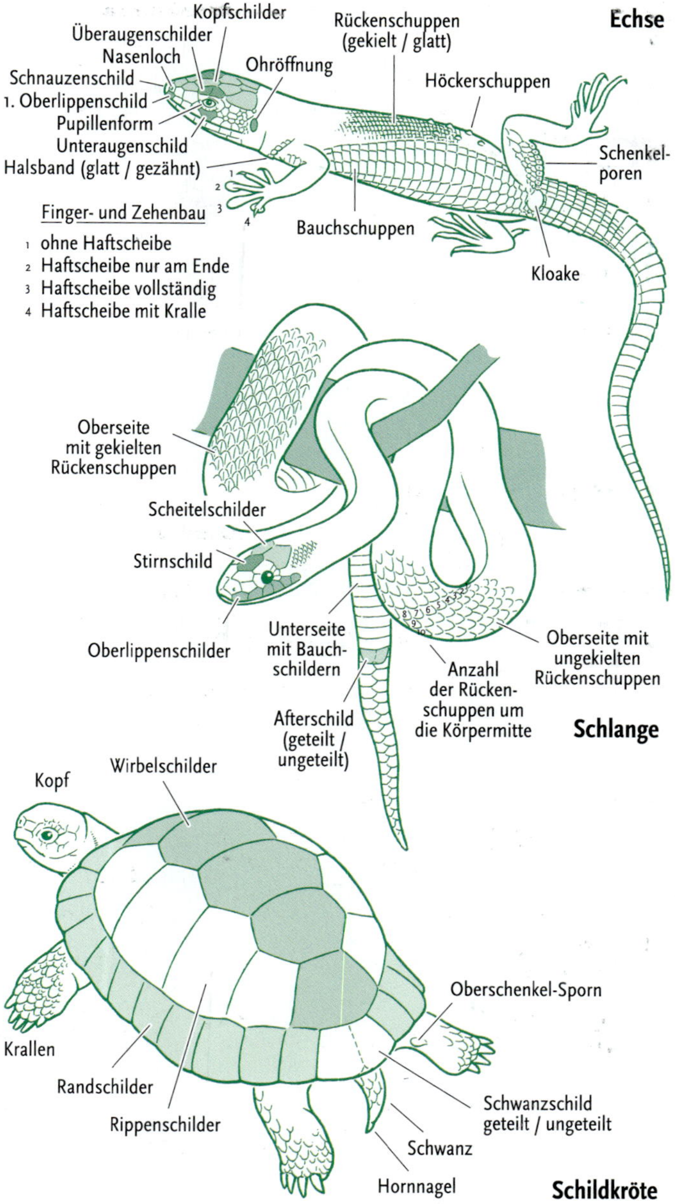
Echse
Kopfschilder
Überaugenschilder
Nasenloch
Schnauzenschild
1. Oberlippenschild
Pupillenform
Unteraugenschild
Halsband (glatt / gezähnt)
Ohröffnung
Rückenschuppen (gekielt / glatt)
Höckerschuppen
Schenkelporen
Bauchschuppen
Kloake
Finger- und Zehenbau
1 ohne Haftscheibe
2 Haftscheibe nur am Ende
3 Haftscheibe vollständig
4 Haftscheibe mit Kralle
Oberseite mit gekielten Rückenschuppen
Scheitelschilder
Stirnschild
Oberlippenschilder
Unterseite mit Bauchschildern
Afterschild (geteilt / ungeteilt)
Anzahl der Rückenschuppen um die Körpermitte
Oberseite mit ungekielten Rückenschuppen
Schlange
Kopf
Wirbelschilder
Krallen
Randschilder
Rippenschilder
Oberschenkel-Sporn
Schwanzschild geteilt / ungeteilt
Schwanz
Hornnagel
Schildkröte

Inhalt

Dank

Großer Dank gilt allen Kollegen, Freunden und Verwandten, die mich bei meinen vielfältigen Amphibien- und Reptilienunternehmungen immer tatkräftig unterstützt haben. Steffi Tommes möchte ich für die Idee zu diesem Naturführer und die engagierte Umsetzung danken. Meiner Arbeitsstätte, dem Staatlichen Museum für Naturkunde Stuttgart, und dem dortigen Kustos für Herpetologie, Dr. Andreas Schlüter, danke ich für die Möglichkeit, dieses Buch schreiben zu können. Für die kritische Durchsicht der ursprünglichen Texte bin ich Andreas Nöllert, Bärbel Oftring, Dr. Jörg Plötner, Dr. Andreas Schlüter und Wolfgang Bischoff zu großem Dank verpflichtet. Melanie Wiegand-Brauner fertigte die Verbreitungskarten an, Wolfgang Lang die Strichzeichnungen. Stefan Hecht unterstützte die Arbeit durch die professionelle Gestaltung einer Amphibien- und Reptilien-Homepage (siehe Adressen S. 244). Allen Fotografen, die durch das Überlassen von Bildern oder fotografische Hilfestellungen dazu beigetragen haben, dieses Buch zu verschönern, möchte ich ebenfalls sehr herzlich danken. Insbesondere sind dies Andreas und Christel Nöllert sowie (in der Reihenfolge der Bildanzahl) Dr. Beat Akeret, Prof. Dr. Wolfgang Böhme, Dr. Mirco Solé, Iñigo Martínez-Solano, Xavier Rivera, Felix Amat, Wolfgang Bischoff, F. Sauer und Frank Hecker, Markus Grabert, Günther Stephan, Dr. Mark-Oliver Rödel, Dr. Thomas Ziegler, Ferran Aguilar, Dr. Jakob Hallermann, Prof. Dr. Claus König, Dr. Herbert Billing, Jürgen Vetter, Miguel Carretero, Klaus-Detlef Kühnel, Ingo Pauler, Harald Aberle, Dr. Salvador Carranza, Dr. Joachim Horstkotte, Dr. Alex Kupfer, Dr. Ulrich Roser, Dr. Andreas Schlüter, Dr. Günther Steinbrück, Jochen Schweizer und Dr. Hans-Georg Wolf. Die Auswahl der Bilder gestaltete sich als überaus schwierig und leider konnte nur ein kleiner Teil der zur Verfügung gestellten Fotos berücksichtigt werden. Hierfür bitte ich um Verständnis. Ganz besonders danken möchte ich schließlich meiner Mutter Traude Kwet und vor allem meiner Freundin Ute Schweizer, die immer und jederzeit Verständnis für das Hobby gezeigt haben, das heute zu meiner Profession geworden ist.

Axel Kwet
Im Sommer 2005

Portrait eines Teichmolches

Zu diesem Buch

Der vorliegende Kosmos Naturführer stellt mit 133 Artenportraits die wichtigsten in Europa lebenden Amphibien- und Reptilienarten vor. Ein- bis vierseitige Steckbriefe mit zahlreichen Fotos zeigen alle mitteleuropäischen und auch die meisten im Mittelmeerraum vorkommenden Arten und Unterarten. Übersichtskarten, die schnell das jeweilige Verbreitungsgebiet erkennen lassen, berücksichtigen darüber hinaus auch alle nicht in eigenen Steckbriefen dargestellten Arten.

Portrait einer Geburtshelferkröte

Schutz der Reptilien und Amphibien

In den vergangenen Jahren ist das Interesse an Lurchen und Kriechtieren nicht nur bei Biologen, sondern auch in einer breiten, vor allem jüngeren Bevölkerungsschicht stetig gewachsen. Frösche und Salamander gelten heute in der Werbung als „niedliche" Sympathieträger, Schlangen und Echsen als Inbegriff des Abenteuers und Schildkröten als Urgestalten aus längst vergangener Zeit. Viele Arten besitzen auch eine unmittelbare Bedeutung für den Menschen, sei es als wissenschaftliches Forschungsobjekt oder Nahrungs- und Lederlieferant, sei es als Schädlingsbekämpfer oder als Produzent von Hautgiften und anderen pharmakologisch wirksamen Substanzen – den Arzneimitteln der Zukunft. Amphibien und Reptilien sind wichtige Glieder in den Nahrungsnetzen vieler Ökosysteme und zugleich sensible Indikatoren für den Zustand unserer Umwelt. Schutzmaßnahmen für diese Tiere sind also nicht nur aus ökologischen, ethischen oder ästhetischen Gründen sinnvoll, sondern dienen auch unserem ganz eigenen ökonomischen Nutzen.
Das weltweite Artensterben hat längst auch die Amphibien und Reptilien erfasst. Nicht nur direkte Eingriffe wie Lebensraumzerstörungen, Pestizideinsätze, der zunehmende Straßenverkehr oder das Abfangen von Tieren spielen dabei eine wichtige Rolle. Völlig überraschend verschwanden Amphibienarten wie die Goldkröten Costa Ricas oder die Magenbrüterfrösche Australiens auch aus Schutzgebieten, die vom Menschen völlig unberührt blieben. Manche dieser rätselhaften Populationseinbrüche könnten im Zusammenhang mit Klimaerwärmung und erhöhter UV-Strahlung stehen, andere sind auf bestimmte

Pilzinfektionen (Chytridiomykosen) oder auf Bakterien- und Virenbefall (Iridoviren) zurückzuführen. Die genauen Ursachen sind in vielen Fällen aber noch ungeklärt, und fieberhaft arbeiten die Wissenschaftler weltweit daran, die Gründe zu verstehen und das Amphibiensterben aufzuhalten. Zu diesem Zweck bilden Herpetologen (Amphibien- und Reptilienforscher) internationale Arbeitsgruppen unter der Schirmherrschaft der „World Conservation Union“ (IUCN), beispielsweise die „Declining Amphibian Population Task Force“ (DAPTF) oder das „Global Amphibian Assessment“ (GAA; siehe Adressen S. 244).

Weibliche Blindschleiche mit Jungen

Auch die „Deutsche Gesellschaft für Herpetologie und Terrarienkunde“ (DGHT) hat sich zum Ziel gesetzt, die immer noch sehr großen Kenntnislücken über Amphibien und Reptilien zu schließen und zum Schutz dieser Tiere beizutragen. So führen Feldherpetologen dieser weltweit größten herpetologischen Vereinigung gezielte Maßnahmen zum Schutz der europäischen Arten durch, organisieren beispielsweise Schutzzaunaktionen und Fachtagungen oder sind Diskussionspartner bei der Erstellung Roter Listen und bei Straßenbauprojekten. Engagierte Terrarianer innerhalb der DGHT koordinieren Nachzuchtprojekte für gefährdete Arten und eine kleinere Anzahl von Wissenschaftlern an Universitäten und Museen be-

schäftigt sich beruflich mit der Erforschung dieser Tiere.
Unser Feldführer ist nicht nur eine Bestimmungshilfe für Naturfreunde, Biologen oder Europareisende, sondern soll das wachsende Interesse an Amphibien und Reptilien unterstützen. Das vorliegende Buch kann vielleicht auch die Sympathie jener Personen wecken, die es noch immer mit dem berühmten schwedischen Zoologen Carl von Linné (1707–1778) halten, für den Lurche und Kriechtiere „ekelhafte, widerwärtige, bleiche, schmutzige, ungestüme und berechnende" Tiere „mit widerlichem Gestank und abstoßender Stimme" waren.

Das Verbreitungsgebiet

Europa bildet nur einen kleinen Teil der riesigen Landmasse des eurasischen Doppelkontinents. Als „Grenze" zwischen Europa und Asien gilt in der Regel eine Linie, die vom Uralgebirge bis zum Kaukasus, und von dort über das Schwarze Meer entlang der türkischen Mittelmeerküste nach Süden verläuft. Aus diesem Gebiet sind heute mehr als 200 Amphibien- und Reptilienarten bekannt. Sämtliche dieser zum Teil nur in kleinen Populationen am äußersten Rand Europas lebenden Arten vorzustellen, würde den zur Verfügung stehenden Rahmen allerdings sprengen. So sind die östlichen und touristisch noch weniger erschlossenen Gebiete der Krim-Halbinsel oder des Kaukasus in diesem Buch nicht berücksichtigt.

Als Abgrenzung nach Osten haben wir für diesen Naturführer eine Linie gezogen, die vom Nordkap entlang des 25. Längengrades über die Karpaten und Rhodopen bis zum Ägäischen Meer und von dort entlang der kleinasiatischen Küste nach Süden verläuft. Die Herpetofauna der großen Mittelmeerinseln, z. B. Korsika, Sardinien, Sizilien, Malta oder Kreta und der Balearen, sowie der meisten dem türkischen Festland vorgelagerten und politisch zu Griechenland zählenden Ägäis-Inseln (z. B. Chios, Lesbos, Samos oder Rhodos) ist somit noch eingeschlossen. Nicht berücksichtigt sind hingegen jene Arten, die ausschließlich in Kleinasien vorkommen oder auf den geografisch zu Afrika zählenden Inseln wie Madeira, die Kanaren, die Azoren und die Selvagem-Gruppe.

Die Artenportraits

Etwa 185 Amphibien- und Reptilienarten – einschließlich der beiden einzigen sich in Europa fortpflanzenden Meeresschildkröten – leben in dem oben definierten Gebiet. Von diesen Arten stellen wir die 133 „wichtigsten" in ausführlichen Portraits vor. Die mitteleuropäischen Vertreter und die weit verbreiteten Arten mit einer größeren Anzahl von Unterarten erhalten dabei mehr Raum als Arten mit einem kleinen Verbreitungsgebiet. Jene Amphibien und Reptilien, denen aus Platzgründen kein eigener Steckbrief zuteil werden kann, sind bei den nächstverwandten Arten erwähnt, in deren Ver-

breitungskarten aufgeführt und meist auch fotografisch dargestellt.
Farbige Balken über den einzelnen Portraits unterteilen die Amphibien und Reptilien nach ihren verwandtschaftlichen Beziehungen in 5 Großgruppen (entsprechend der systematischen Bezeichnung der Ordnung bzw. Unterordnung). Signets in den Farbbalken symbolisieren die 25 in Europa vorkommenden Familien und helfen bei der Orientierung auf Familienniveau.
Ein Bestimmungsschlüssel (ab S. 14) auf Basis leicht erkennbarer äußerer Merkmale ermöglicht die Identifizierung in der Regel bis zur Gattung, die weitere Bestimmung sollte dann mit Hilfe der Artenportraits erfolgen.
Die wissenschaftlichen Gattungs- und Artnamen entsprechen den neuesten taxonomischen und systematischen Erkenntnissen (mit wenigen Einschränkungen, denn so verwenden wir z. B. den im Sprachgebrauch fest verankerten, stammesgeschichtlich betrachtet aber „veralteten" Begriff Reptilien hier weiterhin). Einige Bezeichnungen mussten daher neuen, vielfach noch ungewohnten Namen weichen, doch sind diese älteren Gattungs- und Artbezeichnungen ebenfalls im Text erwähnt. Neuerungen haben sich vor allem bei den Eidechsen, den Kletternattern der „alten" Gattung *Elaphe* sowie den Zornnattern der „alten" Gattung *Coluber* ergeben. So lautet beispielsweise der wissenschaftliche Artname der Äskulapnatter (früher *Elaphe longissima*) nun *Zamenis longissimus* und der Gelbgrünen Zornnatter (früher *Coluber viridiflavus*) *Hierophis viridiflavus*. Die unterschiedlichen Arten der Gebirgseidechsen, die früher in die Sammelgattung *Lacerta* gestellt wurden, zählen nun zu den Gattungen *Archaeolacerta* bzw. *Iberolacerta*. Die Bezeichnungen *Podarcis* für die Mauereidechsen, *Timon* für die Perleidechsen und *Zootoca* für die Waldeidechse haben sich bereits weitgehend durchgesetzt. Auch beim Europäischen Blattfingergecko (früher *Phyllodactylus europaeus*, jetzt *Euleptes europaea*) und beim Scheltopusik (früher *Ophisaurus apodus*, jetzt *Pseudopus apodus*) sind neue Gattungsnamen zu beachten.
Zusätzliche Änderungen gegenüber der „alten" Namensgebung haben sich dadurch ergeben, dass manche Arten aufgrund neuer wissenschaftlicher Erkenntnisse (vor allem durch molekulargenetische oder bioakustische Methoden) in 2 oder mehrere Arten separiert wurden. Beispiele hierfür sind unsere einheimischen Smaragdeidechsen, die nun 2 Arten (*Lacerta viridis* und *L. bilineata*) repräsentieren, oder die Äskulapnatter, die bei uns mit *Zamenis longissimus* und in Süditalien mit *Zamenis lineatus* vertreten ist. Ähnliches trifft auch für Kammmolche, Schlammtaucher, Erzschleichen oder die Vierstreifennatter zu. Durch diese Artaufspaltungen hat sich die Zahl der gültigen Arten in Europa in den letzten Jahren stetig erhöht.
Durch die Verwendung unterschiedlicher Farben in den Karten sind die Verbreitungsgebiete aller europäischen Arten übersichtlich und schnell erfassbar dargestellt. Die Verbreitung der im Steckbrief

ausführlich behandelten Arten ist rot, die der weiteren im Text erwähnten Arten in zusätzlichen Farben hinterlegt. Neben den Verbreitungskarten finden sich drei Angaben zum schnellen Ansprechen der „Hauptart".

1. Die durchschnittliche bis maximale Länge ausgewachsener Individuen (bei Froschlurchen die Kopf-Rumpflänge, bei Schildkröten die Panzerlänge, bei Schwanzlurchen, Echsen und Schlangen die Gesamtlänge einschließlich des Schwanzes). Bei deutlichen Größenunterschieden zwischen Männchen und Weibchen sind beide Geschlechter getrennt aufgeführt.

2. Eine Verwandtschaftsgruppe, die nah verwandte und äußerlich meist ähnliche Arten zusammenfasst. Häufig entspricht diese Kategorie dem deutschen Gattungsnamen, es kann sich aber auch um eine enger verwandte „Teilgruppe" innerhalb einer größeren Gattung handeln.

3. Die wichtigsten Artkennzeichen in Form von 2–3 kurzen Angaben (♂ = Männchen, ♀ = Weibchen).

Der sich anschließende Text in Steckbriefform ist in folgende Punkte untergliedert: „Merkmale", „Lebensraum", „Wissenswertes" und – sofern beschrieben – „Unterarten". Äußerlich ähnliche und bei der Bestimmung problematische Arten sind unter „Verwechslungsarten", Amphibien- und Reptilienarten ohne eigenen Steckbrief unter dem Punkt „Weitere Arten" aufgeführt. Wir hoffen, dass uns auf diese Weise ein Kompromiss zwischen möglichst vielen Informationen und dem in Naturführern im Taschenformat naturgemäß eingeschränkten Raum gelungen ist.

Pärchen der Smaragdeidechse beim Sonnenbad

Bestimmungsschlüssel der Amphibien und Reptilien Europas

In Europa kommen mit den Schwanzlurchen (Urodela) und Froschlurchen (Anura) zwei der drei heute noch lebenden Amphibienordnungen vor (die dritte Gruppe sind die in den Tropen verbreiteten Blindwühlen, Ordnung Gymnophiona). Von den Reptilien finden sich die Ordnungen der Schildkröten (Testudines) und Schuppenkriechtiere (Squamata), nicht jedoch Vertreter der Krokodile (Crocodylia) und der Brückenechsen (Rhynchocephalia). Innerhalb der Schuppenkriechtiere wiederum werden heute meist drei Gruppen (Unterordnungen) unterschieden, von denen Europa die Echsen (Sauria), die Doppelschleichen (Amphisbaenia) und die Schlangen (Serpentes) besiedeln. Die wichtigsten Merkmale zur Unterscheidung der Großgruppen (Ordnung bzw. Unterordnung) sind im nachstehenden Bestimmungsschlüssel aufgeführt, die weiteren Schlüssel auf den folgenden Seiten ermöglichen eine Bestimmung bis auf Gattungsniveau. Die Abbildungen auf den ersten Seiten im Buch verdeutlichen die gattungstypischen Merkmale.

Bestimmungsschlüssel für die 5 Ordnungen bzw. Unterordnungen

1 Haut nackt, drüsenreich und feucht, ohne Schuppen (Klasse Amphibia) ... **2**

1* Haut trocken und drüsenlos, von Schuppen oder Hornschildern bedeckt (Klasse Reptilia) ... **3**

2 Froschgestalt; Körper gedrungen ohne Schwanz; Hinterbeine deutlich länger als Vorderbeine ... **Ordnung Froschlurche (Anura)**

2* Salamandergestalt; Körper gestreckt mit Schwanz; alle 4 Beine etwa gleich lang ... **Ordnung Schwanzlurche (Urodela)**

3 Mit Rücken- und Bauchpanzer, die von großen Hornschildern bedeckt sind ... **Ordnung Schildkröten (Testudines)**

3* Körper nicht von Panzer umschlossen, sondern mit kleinen Hornschuppen bedeckt (Ordnung Schuppenkriechtiere, Squamata) ... **4**

4 Körper regelmäßig in Form von Querringen äußerlich segmentiert; ohne Beine ... **Unterordnung Doppelschleichen (Amphisbaenia)**

4* Körper nicht in regelmäßige Querringe segmentiert; mit oder ohne Beine **5**

5 Körper stets ohne Beine; keine beweglichen Augenlider ... **Unterordnung Schlangen (Serpentes)**

5* Körper in der Regel mit Beinen; wenn beinlos, dann mit beweglichen Augenlidern ... **Unterordnung Echsen (Sauria)**

Bestimmungsschlüssel für die Gattungen der Schwanzlurche (Urodela)

1 Körper aalförmig; Augen verkümmert; nur 3 Finger und 2 Zehen ... **Olme (*Proteus*), S. 55**

1* Körper salamander- oder molchartig; Augen nicht verkümmert; 4 Finger und 4 oder 5 Zehen ... **2**

2 4 Zehen; Schwanzunterseite leuchtend rot ... **Brillensalamander (*Salamandrina*), S. 27**

2* 5 Zehen; Schwanzunterseite nicht leuchtend rot ... **3**

3 Zehen kurz, kräftig und mit Spannhäuten verbunden; Nasen-Lippenfurche (mit Lupe betrachten) ... **Europäische Höhlensalamander (*Speleomantes*), ab S. 52**

3* Zehen normal und ohne Spannhäute, aber manchmal mit seitlichen Schwimmsäumen; keine Nasen-Lippenfurche ... **4**

4 Landsalamander; Schwanz im Querschnitt oval oder rund, aber seitlich nicht abgeplattet; Ohrdrüsen groß, deutlich erhaben, mit Poren 5

4* Im Wasser oder an Land; Schwanz im Querschnitt seitlich abgeplattet; Ohrdrüsen klein oder fehlend, ohne Poren 6

5 Sehr langer Schwanz (1,5- bis 2fache Körperlänge); kurze, zierliche Gliedmaßen; meist 2 goldfarbene Rückenlängsstreifen .... **Goldstreifen-Salamander (*Chioglossa*), ab S. 26**

5* Schwanz maximal körperlang; kräftige Gliedmaßen; ohne goldfarbene Rückenlängsstreifen.............. **Echte Salamander (*Salamandra*), ab S. 20**

6 Groß (Länge bis zu 30 cm) und kräftig mit abgeflachtem Kopf und kleinen Augen; seitlich am Rumpf eine Reihe hervorstehender, warzenartiger, bräunlicher Rippenhöcker (manchmal die Haut durchstoßende Rippenspitzen) .... **Rippenmolche (*Pleurodeles*), ab S. 28**

6* Länge bis maximal 20 cm, Augen nicht auffallend klein; ohne seitliche Reihe von warzenartigen Höckern.. 7

7 Nur in oder an kalten Fließgewässern der Pyrenäen, Korsikas oder Sardiniens; wenn in den Pyrenäen, dann stark körnige Haut .... **Gebirgsmolche (*Euproctus*), ab S. 30**

7* In der Regel nicht in kalten fließenden, sondern in stehenden Gewässern; nicht auf Korsika oder Sardinien, wenn in den Pyrenäen, dann mit glatter Haut.................................. **Wassermolche (*Triturus*), ab S. 34**

Bestimmungsschlüssel für die Gattungen der Froschlurche (Anura)

1 Bauch mit großflächigen, leuchtend gelben, orangefarbenen oder roten Flecken .... **Unken (*Bombina*), ab S. 56**

1* Bauch ohne großflächige, leuchtend gelbe oder rote Flecken 2

2 Finger und Zehenspitzen scheibenförmig verbreitert (Haftscheiben); Rücken meist leuchtend grün .... **Laubfrösche (*Hyla*), ab S. 84**

2* Finger und Zehenspitzen nicht verbreitert (ohne Haftscheiben); Rücken in unterschiedlichen braunen, grauen oder grünen Farbtönen..... 3

3 Pupillen bei Licht waagerecht oval bis annähernd rund, aber nicht senkrecht stehend 4

3* Pupillen bei Licht senkrecht stehend, entweder senkrecht oval, senkrecht schlitzförmig oder umgekehrt tropfen- bis herzförmig (Spitze nach unten gerichtet) 6

4 Haut trocken und sehr warzig; gedrungener Körper mit kurzen Hinterbeinen; großer, kräftiger Ohrdrüsenwulst jeweils oberhalb des Trommelfells .... **Echte Kröten (*Bufo*), ab S. 76**

4* Haut feucht und relativ glatt; Körper schlank, mit relativ langen, kräftigen Hinterbeinen; keine Ohrdrüsen oberhalb des Trommelfells .... **Echte Frösche (Untergattungen *Rana, Pelophylax*)** 5

5* Dunkelbrauner Schläfenfleck seitlich am Kopf, in dem sich das Trommelfell befindet; Augen seitlich; Rücken nicht grün; Männchen ohne oder mit inneren Schallblasen .... **Braunfrösche (Untergattung *Rana*), ab S. 90**

5* Gewöhnlich ohne Schläfenfleck; Augen seitlich auf der Kopfoberseite liegend und nach oben orientiert; Rücken meist grün, manchmal grau bis bräunlich, oft mit heller Mittellinie; Männchen mit paarigen, äußeren Schallblasen........... **Wasserfrösche (Untergattung *Pelophylax*), ab S. 102**

6 Schwarzer oder brauner, scharfkantiger, hochgewölbter Fersenhöcker an der Basis der 1. (kleinsten) Zehe (Fersenhöcker gleich lang oder länger als 1. Zehe); Trommelfell nicht sichtbar
.... **Europäische Schaufelkröten (*Pelobates*), ab S. 70**
6* Kleiner, nicht scharfkantiger Fersenhöcker an der Basis der 1. Zehe (Fersenhöcker kürzer als 1. Zehe); Trommelfell meist sichtbar **7**
7 Pupillen bei Licht senkrecht schlitzförmig **8**
7* Pupillen bei Licht oval oder umgekehrt tropfen- bis herzförmig (Spitze nach unten gerichtet) .... **Scheibenzüngler (*Discoglossus*), ab S. 67**
8 Schlanke Gestalt mit langen Hinterbeinen; in der Regel mit schmalen Hautmembranen entlang der Zehen; Rücken meist mit grünlichen Flecken .... **Schlammtaucher (*Pelodytes*), S. 75**
8* Gedrungene Gestalt; keine Hautsäume an den Zehen (eventuell mit rudimentären Schwimmhäuten) ..... **Geburtshelferkröten (*Alytes*), ab S. 62**

Bestimmungsschlüssel für die Gattungen der Schildkröten (Testudines)

1 Vordergliedmaßen paddelförmig, größer als Hintergliedmaßen; im Meer oder an der Küste... **2**
1* Vordergliedmaßen nicht paddelförmig, etwa gleich groß wie Hintergliedmaßen; an Land oder im Süßwasser....................................... **3**
2 Rückenpanzer mit 5 (selten mehr) Paaren von Rippenschildern (1. Paar oft relativ klein) .... **Unechte Karettschildkröten (*Caretta*), S. 128**
2* Rückenpanzer mit 4 Paaren von Rippenschildern
.... **Suppenschildkröten (*Chelonia*), S. 128**
3 Rückenpanzer hochgewölbt; Gliedmaßen mit Krallen, aber ohne frei bewegliche Finger und Zehen; an Land... **Landschildkröten (*Testudo*), S. 114**
3* Rückenpanzer flach; Gliedmaßen mit krallenbewehrten, durch Schwimmhäute beweglich verbundenen Fingern und Zehen; in oder an Binnengewässern (seltener auch im Brackwasser) **4**
4 Hals mit gelblichem Punktmuster, aber ohne Längsstreifen; Rücken- und Bauchpanzer nicht starr, sondern beweglich durch eine knorpelige „Brücke" miteinander verbunden .... **Sumpfschildkröten (*Emys*), S. 124**
4* Hals mit kräftiger, gelblicher Längsstreifung; Rücken- und Bauchpanzer starr durch eine Knochenbrücke miteinander verbunden **5**
5 Hals mit gelblichen Längsstreifen und einem großen roten Wangenfleck (an vielen Stellen in Europa ausgesetzt)
.... **Schmuckschildkröten (*Trachemys*), S. 127**
5* Hals mit gelblichen Längsstreifen, ohne großen roten Wangenfleck
.... **Bachschildkröten (*Mauremys*), ab S. 120**

Bestimmungsschlüssel für die Gattungen der Echsen (Sauria) und Doppelschleichen (Amphisbaenia)

1 Körper äußerlich durch regelmäßige Querringe segmentiert; schlangenähnlich, ohne Beine.......................... **Netzwühlen (*Blanus*), S. 200**
1* Körper nicht in regelmäßige Querringe segmentiert; mit oder ohne Beine . **2**
2 Körper seitlich stark abgeflacht; Finger und Zehen jeweils zu „Greifzangen" verwachsen; weit hervorstehende, unabhängig voneinander bewegliche Augen .... **Chamäleons (*Chamaeleo*), S. 130**
2* Körper nicht seitlich abgeflacht; Finger und Zehen nicht zu „Greifzangen" verwachsen; Augen nicht auffallend hervorstehend bzw. unabhängig voneinander beweglich **3**

3 Pupille bei Licht senkrecht schlitzförmig 4
3* Pupille bei Licht rundlich, nicht senkrecht schlitzförmig 7
4 Zehen zumindest teilweise mit flachen, verbreiterten Haftscheiben versehen 5
4* Zehen winkelig nach oben gebogen, ohne Haftscheiben . . . . **Nacktfingergeckos (*Cyrtopodion*), S. 136**
5 Große ungeteilte Haftscheiben entlang der gesamten Zehenunterseite . . . . **Mauergeckos (*Tarentola*), S. 132**
5* Haftscheiben bedecken nur einen Teil der Zehenunterseite 6
6 Flache, herzförmige Haftscheiben nur an den Zehenenden . . . . **Blattfingergeckos (*Euleptes*), S. 137**
6* Haftscheiben in 2 Längsreihen, die nicht bis zum Ende der Zehen reichen; Zehenenden frei und mit kleinen Krallen . . . . **Halbfingergeckos (*Hemidactylus*), S. 134**
7 Kopfoberseite mit unregelmäßigen, kleinen Schuppen bedeckt, die der Rückenbeschuppung ähneln; Schwanz in stachelige Wirtel gegliedert . . . . **Wirtelschwanzagamen (*Laudakia*), S. 129**
7* Kopfoberseite mit großen Schildern bedeckt, die sich deutlich von der feinen Rückenbeschuppung unterscheiden 8
8 Körper beinlos 9
8* Körper mit Beinen (manchmal verkümmert zu kurzen Stummeln) 11
9 Seitlich am Körper mit einer tiefen, vom Hals bis zur Kloake (Schwanzansatz) verlaufenden Hautfurche . . . . . **Panzerschleichen (*Pseudopus*), S. 198**
9* Seitlich am Körper keine auffallende Hautfurche 10
10 Oberseite mit mehreren Längsreihen aus kleinen, dunkelbraunen Punkten (jede Schuppe mit einem Punkt); Kopf von oben zugespitzt; Anzahl der Rückenschuppenreihen um die Rumpfmitte höchstens 20; nur im südlichen Griechenland (Peloponnes) . . . . **Schlangenskinke (*Ophiomorus*), S. 195**
10* Oberseite meist ohne auffallende Längsreihen aus dunkelbraunen Punkten; Kopf von oben abgestumpft; Anzahl der Rückenschuppenreihen um die Rumpfmitte mindestens 23; in fast ganz Europa . . . . **Blindschleichen (*Anguis*), S. 196**
11 Körper eidechsenartig; mit normal bis kräftig entwickelten Beinen; an der Unterseite der Oberschenkel mit jeweils einer Drüsenreihe (Schenkelporen) 13
11* Körper schlangen- oder walzenförmig; oft mit schwach entwickelten Beinen; wenn normal entwickelte Beine, dann an der Unterseite der Oberschenkel ohne Porenreihe 12
12 Augenlider zu einer unbeweglichen Kapsel verwachsen (Schlangenauge); sehr klein und zierlich gebaut (Länge maximal 12 cm) . . . . **Natternaugen-Skinke (*Ablepharus*), S. 194**
12* Augenlider frei beweglich; relativ kräftig gebaut (Länge meist über 15 cm) . . . . **Walzenskinke (*Chalcides*), ab S. 190, Tüpfelskinke (*Mabuya*), S. 190**
13 Rückenschuppen relativ groß, stark gekielt und schindelartig übereinander liegend 14
13* Rückenschuppen klein, nicht oder nur undeutlich (am Hinterende) gekielt und mehr oder weniger nebeneinander liegend 16
14 Augenlider zu durchsichtiger Brille verwachsen (Auge schließt nicht bei leichter Berührung) . . . . **Schlangenaugen-Eidechsen (*Ophisops*), S. 180**
14* Augenlider frei beweglich (Auge schließt bei Berührung) 15

15 Mit gut ausgebildetem, kräftig gezähntem oder gesägtem Halsband (eine Reihe vergrößerter Schuppen, die sich von kleineren, im vorderen Halsbereich liegenden Schuppen deutlich abheben)
.... **Kieleidechsen (*Algyroides*), ab S. 186**

15* Ohne oder mit seitlich angedeutetem Halsband
.... **Sandläufer (*Psammodromus*), ab S. 181**

16 Unteraugenschild erreicht die Oberlippe nicht oder nur ganz knapp; über den Augen jeweils 2 Überaugenschilder; ohne Hinterhauptschild
.... **Fransenfinger-Eidechsen (*Acanthodactylus*), S. 184**

16* Unteraugenschild grenzt breit an die Oberlippe; über den Augen jeweils 4 Überaugenschilder; in der Regel mit Hinterhauptschild und kräftigem Halsband .... Halsbandeidechsen: **Osteuropäische Gebirgseidechsen (*Archaeolacerta*), Felseneidechsen (*Darevskia*), Iberische Gebirgseidechsen (*Iberolacerta*), Smaragdeidechsen (*Lacerta*), Mauereidechsen (*Podarcis*), Perleidechsen (*Timon*), Waldeidechsen (*Zootoca*),** .... **ab S. 138**

Hinweis: Die Gruppen der ehemaligen Sammelgattung *Lacerta* lassen sich äußerlich nicht eindeutig voneinander unterscheiden (zur Identifizierung siehe Artenportraits)

Bestimmungsschlüssel für die Gattungen der Schlangen (Serpentes)

1 Bauchschuppen nicht zu Schildern vergrößert; wurmartig
.... **Blindschlangen (*Typhlops*), S. 201**

1* Bauchschuppen vergrößert, eine Reihe von Bauchschildern bildend **2**

2 Breite der Bauchschilder nur etwa ein Drittel der Körperbreite; Augen sehr klein und nach oben gerichtet; Schwanz kurz........ **Sandboas (*Eryx*), S. 202**

2* Breite der Bauchschilder erreicht mindestens die halbe bis ganze Körperbreite; Augen nicht auffallend klein und meist seitwärts gerichtet; Schwanz relativ lang **3**

3 Rückenschuppen deutlich gekielt **4**

3* Rückenschuppen nicht gekielt (selten schwach gekielt) **6**

4 Pupille rund; Afterschild geteilt; Oberkiefer ohne aufrichtbare Giftzähne
.... **Wassernattern (*Natrix*), ab Seite 226**

4* Pupille senkrecht schlitzförmig; Afterschild ungeteilt; Oberkiefer mit aufrichtbaren Giftzähnen **5**

5 Kopfoberseite mit zahlreichen kleinen, gekielten Schuppen (manchmal größere Schilder über den Augen)
.... **Orientalische Ottern (*Montivipera, Macrovipera*), S. 243**

5* Kopfoberseite mit kleinen, ungekielten Schuppen und einigen größeren Schildern oder, wenn alle Schuppen klein und gekielt, dann Nasenregion aufgeworfen bzw. mit „Schnauzenhorn"
.... **Echte Vipern (*Vipera*), ab S. 234**

6 Pupille bei Licht senkrecht schlitzförmig oder senkrecht oval **7**

6* Pupille bei Licht rund **8**

7 Kopf deutlich vom Rumpf abgesetzt; Pupille schlitzförmig
.... **Katzennattern (*Telescopus*), S. 210**

7* Kopf kaum vom Rumpf abgesetzt; Pupille senkrecht oval; schwarze kapuzenartige Zeichnung im Nacken
.... **Kapuzennattern (*Macroprotodon*), S. 215**

8 Deutliche Überaugenkante durch vorspringende Überaugenschilder („Adlerblick"); langes, schmales, tief sitzendes Stirnschild
.... **Eidechsennattern (*Malpolon*), S. 224**

8* Keine deutliche Überaugenkante; Stirnschild nicht auffallend lang und schmal **9**

9 Sehr klein (Länge unter 50 cm) und grazil („bleistiftdünn"); einfarbiger Körper mit dunkler Kopfzeichnung; nur 15–17 Rückenschuppen um die Körpermitte; nur auf wenigen griechischen Inseln .... **Zwergnattern (*Eirenis*), S. 211**

9* Größer und breiter; Körper nicht einfarbig und mit dunkler Kopfzeichnung; 19–29 Rückenschuppen um die Körpermitte **10**

10 Kopf mit breiter, dunkler, nach vorne oder hinten geöffneter, mehr oder weniger U-förmiger Nackenzeichnung und einem deutlichen, seitlich vom Auge schräg zum Hals verlaufenden, dunklen Streifen .... **Glattnattern (*Coronella*), ab S. 212**

10* Ohne U-förmige Nackenzeichnung und zugleich dunklen Streifen vom Auge zum Hals **11**

11 Oberseite einfarbig braun mit Ausnahme einer Reihe dunkler, meist weiß umrandeter Flecken in der Halsregion; schlank und grazil (Schlanknatter) .... **Zornnattern (*Platyceps*), S. 204**

11* Oberseite nicht einfarbig braun mit seitlichen Augenflecken.......... **12**

12 Kopf meist deutlich vom schlanken Rumpf abgesetzt; lang ausgezogener, fein längs gestreifter Schwanz, optisch meist unterschieden von einem dunkel gefleckten Rumpf; 19 Rückenschuppen um die Körpermitte .... **Zornnattern (*Dolichophis, Hierophis*), ab S. 205**

12* Schwanz nicht mit feiner Längsstreifung (wenige breite Streifen können aber auftreten); 21–29 Rückenschuppen um die Körpermitte.......... **13**

13 Rückenschuppen schwach aber merklich gekielt; mit deutlicher Rückenzeichnung aus 4 Längsstreifen oder kräftigen Flecken; nur Italien und Balkan (Vierstreifennatter).......... **Kletternattern (*Elaphe*), S. 216**

13* Rückenschuppen ungekielt (glatt).......... **14**

14 Rücken mit auffallender dunkler Längszeichnung aus einem strickleiterartigen Muster (bei Jungtieren) oder 2 einfachen Längsstreifen (bei ausgewachsenen Exemplaren); meist 27 Rückenschuppen um die Körpermitte; nur Iberische Halbinsel und Südfrankreich (Treppennatter) .... **Kletternattern (*Rhinechis*), S. 222**

14* In der Regel ohne dunkle Längsrückenzeichnung; 21–29 Rückenschuppen um die Körpermitte; wenn mit schwach angedeuteter Längsstreifung, dann nur 21–23 Rückenschuppen um die Körpermitte.......... **15**

15 Kopf relativ deutlich vom schlanken Rumpf abgesetzt; lang ausgezogener Schwanz; 25–29 Rückenschuppen um die Körpermitte; Rückenzeichnung entweder aus einem kräftigen Muster aus dunkel gesäumten Flecken mit einem hufeisenförmigen „Abzeichen" auf dem Hinterkopf (Hufeisennatter, nur Iberische Halbinsel und Sardinien) oder einer Reihe weit auseinander stehender, dunkler Barren (Algerische Zornnatter, nur Malta) .... **Zornnattern (*Hemorrhois*), S. 203**

15* Schmaler, kaum vom kräftigen Rumpf abgesetzter Kopf; entweder nur 21–23 Rückenschuppen um die Körpermitte (Äskulapnatter) oder, wenn 25–27 Schuppen um die Körpermitte, mit auffallender Rückenzeichnung aus rötlichen, schwarz umrandeten Flecken (Leopardnatter) .... **Kletternattern (*Zamenis*), ab S. 218**

Hinweis: Die Gattungen der echten Nattern sind mit Hilfe eines Schlüssels nicht einfach zu unterscheiden, es empfiehlt sich immer ein Vergleich mit den Artenportraits.

Portraits der Amphibien- und Reptilienarten Europas

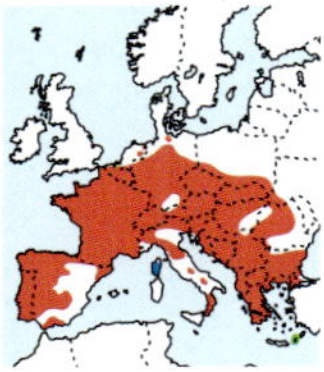

Feuersalamander

Salamandra salamandra

Salamander und Molche *Salamandridae*

> 14–25 cm
> Echte Salamander
> Glänzende, schwarzgelbe Oberseite; gedrungener Körperbau; große Ohrdrüsen mit dunklen Poren

Merkmale Kräftiger, gedrungen gebauter Landsalamander mit kurzen Gliedmaßen, drehrundem Schwanz und einer Länge bis maximal 25 cm, in Mitteleuropa aber meist nur 14–18 cm. Haut relativ glatt, rechts und links der Rückenmitte je eine Reihe kleiner Drüsenporen, am Hinterkopf ein Paar kräftiger Ohrdrüsen. Rückenfärbung und -zeichnung unverkennbar, aber je nach Unterart sehr variabel; in der Regel lackschwarz mit einem Muster aus gelben, orangegelben oder rötlichen, unregelmäßig geformten Flecken oder Streifen. Bauch schwarz bis grau, oft schwach gelblich gefleckt.

Lebensraum Das große Verbreitungsgebiet umfasst das gesamte westliche, zentrale und südliche Europa. Fehlt in Teilen Norddeutschlands und in Skandinavien sowie auf fast allen Mittelmeerinseln. Vor allem in feuchten, kühlen Laubmischwäldern, oft in der Nähe von Bächen, aber auch in offenen Lebensräumen, z. B. auf Viehweiden und selbst in Städten. Häufig in Mittelgebirgen in Höhenlagen zwischen 600 und 1000 m, in Zentralspanien und auf dem Balkan bis 2300 m. Als Larvengewässer dienen vor allem Stillwasserzonen (Kolke) fischfreier Bäche, aber auch Flachwasserbereiche von Teichen und Bergseen.

Wissenswertes Terrestrische, vorwiegend nachtaktive Art, tagsüber versteckt unter Steinen und Totholz. Nahrung aus Schnecken, Spinnen, Tausendfüßern, Käfern und Regenwürmern. Die Tiere besitzen starke Hautgifte zur Abwehr von Feinden und eine hohe Lebenserwartung von 10–15, im Terrarium sogar von über 50 Jahren. Paarungen finden an Land (in Mitteleuropa von März bis September) statt, wobei sich das Männchen unter das Weibchen schiebt, dessen Vorderbeine umklammert und schließlich einen Samenträger (Spermatophore) am Boden absetzt. Das Weibchen nimmt die Spermatophore mit der Kloake auf und es findet eine innere Befruchtung statt. In der Regel im zeitigen Frühjahr, selten schon im Herbst, werden 10–80 Larven in

Larve mit äußeren Kiemen

Bächen abgesetzt (Larviparie). Einige Unterarten, v. a. in Nordspanien, gebären auch vollentwickelte Jungtiere (Juviparie).

Unterarten Der Feuersalamander galt bis vor wenigen Jahren als eine einzige, ziemlich variable Amphibienart mit einer Reihe von Unterarten. Im Moment sind 4 Arten anerkannt, von denen aber nur 2 in Europa leben. Die Nominatform *S. s. salamandra* besitzt mindestens 11, vor allem auf der Iberischen Halbinsel verbreitete Unterarten. Die beiden sehr ähnlichen *S. s. bernardezi* und *S. s. fastuosa* aus dem Nordwesten Spaniens besitzen einen zierlichen Körperbau

Feuersalamander aus Griechenland (S. s. werneri)

S. s. crespoi aus Spanien

und eine überwiegend gelbe Rückenfärbung mit deutlicher Längsstreifung. Die ebenfalls „grazile", in den zentralspanischen Gebirgen der Sierra de Gredos und Sierra del Guadarrama endemische (nur dort lebende) *S. s. almanzoris* dagegen weist eine starke Reduktion des gelben Farbanteils bis auf wenige kleine Flecke auf. Auch bei der nah verwandten *S. s. bejarae* aus dem mittleren und östlichen Spanien überwiegt meist der Schwarzanteil, bei einigen Populationen tritt zusätzlich eine Tendenz zur Rotfärbung auf. *S. s. morenica* aus Andalusien sowie *S. s. gallaica* aus Galizien, Mittel- und Nordportugal besitzen ebenfalls einen stärkeren Rotanteil in der schwarzgelben Rückenzeichnung und vor allem am Kopf. Nah verwandt mit den beiden zuletzt genannten Unterarten ist *S. s. crespoi*, eine vergleichsweise große „Form" aus dem Süden Portugals mit langem, flachem Kopf und langen Extremitäten. Die ebenfalls relativ großwüchsige *S. s. longirostris* aus der südspanischen Sierra de Ronda zeichnet sich durch eine zugespitzte Schnauzenform und 4 große, gelbe Flecken auf der Kopfoberseite aus. In Italien südlich der Poebene lebt mit *S. s. gigliolii* eine relativ kleinwüchsige, zartgliedrige Unterart mit hohem Gelbanteil in Form von breiten, netzartig zusammenhängenden Flecken. Das Verbreitungsgebiet der mehr oder weniger deutlich längs gestreiften *S. s. terrestris* erstreckt sich vom Norden Spaniens über Frankreich bis in den Westen Deutschlands. Das bei weitem größte Verbreitungsgebiet besitzt die meist unregelmäßig gefleckte Nominatform *S. s. salamandra*, die die südliche Schweiz, Norditalien, den Südosten

S. s. bernardezi aus Spanien

S. s. fastuosa, Spanien

Deutschlands, Tschechien, die Slowakei und den größten Teil der Balkanhalbinsel besiedelt. Im südlichen Balkan haben sich noch weitere „Formen“ differenziert, von denen *S. s. beschkovi* aus Südbulgarien und *S. s. werneri* aus Zentralgriechenland eventuell eigenständige Unterarten repräsentieren.

Weitere Arten Der gedrungene, lange Zeit als Unterart des Feuersalamanders geltende **Korsische Feuersalamander** (*Salamandra corsica*, Verbreitung in Blau) besitzt kleine, unregelmäßig angeordnete gelbe Rückenflecken. Der nur auf den griechischen Ägäis-Inseln Karpathos, Kassos und Saria lebende **Karpathos-Salamander** (*Lyciasalamandra helverseni*; Verbreitung in Grün) zählte als Unterart des Lykischen Salamanders (*L. luschani*) bis vor kurzem noch zur Gattung *Mertensiella*. Es handelt sich um 12–14 cm lange, schlanke, flinke Landbewohner mit einer dunkelbraunen, teilweise gelb gefleckten Oberseite, deren Männchen sich durch einen eigenartigen weichen „Sporn“ über dem Schwanzansatz auszeichnen.

S. corsica aus Korsika

S. s. gigliolii, Italien

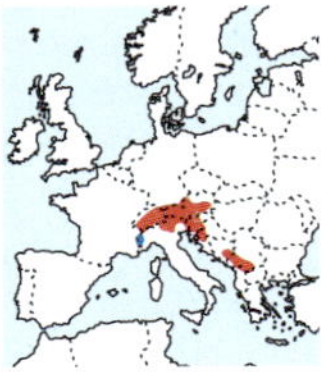

Alpensalamander

Salamandra atra
Salamander und Molche *Salamandridae*

> 12–15 cm
> Echte Salamander
> Rücken lackschwarz; Flanken mit deutlichen Rippenfurchen und Warzenreihen; große Ohrdrüsen

Merkmale Relativ schlanker, mittelgroßer Landsalamander. Unverkennbar durch seine einfarbige, lackschwarze Färbung (mit Ausnahme der seltenen, gelblich gefleckten Unterart *S. a. aurorae*). Haut relativ glatt, aber mit einer Reihe von deutlichen Warzen entlang der Rückenmitte und an den Körperseiten. Der Rumpf erscheint durch 11–13 Rippenfurchen deutlich segmentiert. Hervortretende, nierenförmige Ohrdrüsen und spitz endender Schwanz.

Lebensraum In den Alpen und Voralpen sowie Gebirgen des nordwestlichen Balkans. Isolierte Populationen südlich davon bis nach Nordalbanien. In Höhen von 430–2800 m, am häufigsten zwischen 800 m und 2000 m. Bevorzugt Orte mit hoher Luftfeuchtigkeit, z. B. Laubmischwälder (v. a. Lichtungen und Waldränder) und feuchte Almweiden. Oft unter Steinen oder Totholz; stellenweise häufig vorkommend.

Wissenswertes Landbewohner mit langsamer Fortbewegung. Je nach Höhenlage etwa von April bis Oktober aktiv, vorwiegend nachts, nach Regenfällen aber auch am Tage. Nahrung aus Insekten und deren Larven sowie Spinnen, Schnecken, Regenwürmer und Tausendfüßer. Die Paarungen (siehe Feuersalamander, S. 20) finden an Land statt. Die Larven entwickeln sich bis zur Metamorphose im Mutterleib. Nach einer langen Tragzeit von 2–3 Jahren kommen 2 vollständig entwickelte, bereits 4–5 cm lange Jungtiere zur Welt.

Unterarten Der **Aurora-Alpensalamander** (*S. a. aurorae*) kommt ausschließlich im nordöstlichen Italien (Provinz Vicenza, zwischen 1300 und 1500 m) vor. Er unterscheidet sich von der Nominatform durch ein mehr oder weniger großflächiges Muster aus zusammenhängenden gelblichen Flecken auf Kopf und Rücken.

Verwechslungsarten Berg- und Kammmolche in Landtracht sind oberseits ebenfalls sehr dunkel, haben aber im Unterschied eine orangefarbene Bauchseite.

Weitere Arten Der sehr ähnliche, ebenfalls schwarze, mit 16 cm Länge im Durchschnitt aber etwas größere **Lanzas Alpensalamander** (*Salamandra lanzai*, Verbreitung in Blau) lebt ausschließlich in den Cottischen Alpen im westlichen Piemont (Italien), in Höhen zwischen 1500 und 2000 m. Er besitzt einen längeren, an der Spitze knopfartig abgerundeten Schwanz sowie winzige Spannhäute zwischen den Zehen. Die Rückenmitte ist glatt und drüsenfrei, die Warzen an den Flanken sind länglich (beim Alpensalamander rund).

Lanzas Alpensalamander

Aurora-Alpensalamander

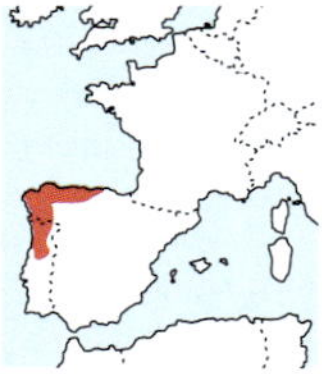

Goldstreifen-Salamander

Chioglossa lusitanica
Salamander und Molche *Salamandridae*

> 12–16 cm
> Goldstreifen-Salamander
> 2 „goldfarbene" Rückenlängsstreifen; schlanker Körper mit kurzen Beinen und langem Schwanz

Merkmale Graziler, kurzbeiniger Salamander mit hervortretenden Augen und langem Schwanz, der etwa 2/3 der Gesamtlänge erreicht. Oberseite glatt mit 10–11 Rippenfurchen, dunkelbraun bis schwarz und in der Regel mit 2 parallel verlaufenden, „goldfarbenen" Rückenlängsstreifen, die sich am Schwanzansatz vereinigen. Selten sind diese Längsstreifen auch aufgelöst. Unterseite dunkelgrau.
Lebensraum Nur im Nordwesten der Iberischen Halbinsel, bis maximal 1300 m. Vor allem an feuchten, vegetationsreichen Stellen in Laubwäldern, an felsigen Bächen, unter Steinen oder in Höhlen.
Wissenswertes Flinker, nachtaktiver Landbewohner. Kann bei Gefahr schwimmen und wie viele Eidechsen den Schwanz abwerfen (Autotomie). Beim Ergreifen oft quiekende Laute. Höchstalter 8–10 Jahre. Nahrung kleine Insekten und Spinnen, die mit einer langen Schleuderzunge gefangen werden. Paarung an Land, das Gelege aus 10–35 Eiern wird zwischen Steinen im fließenden Wasser oder an feuchten Höhlenwänden abgesetzt; aquatische Larven.

Brillensalamander

Salamandrina terdigitata
Salamander und Molche *Salamandridae*

> ♂ 7–9 cm, ♀ 9–11 cm
> Brillensalamander
> Helle Balkenzeichnung zwischen den Augen; Schwanz- und Beinunterseiten rot; nur 4 Zehen

Merkmale Graziler, meist etwas „verhungert wirkender" Landsalamander mit deutlichen Rippenfurchen, hervorstehenden Augen und langem Schwanz. Oberseite rau, bräunlich bis schwarz. Kopf mit gelblicher, z. T. etwas verwaschener Balkenzeichnung („Brille") zwischen den Augen. Bauch weißlich mit dunklen Flecken, Kehle schwarz. Kloake sowie Unterseiten der Gliedmaßen und des Schwanzes leuchtend rot. Nur 4 Zehen an den Hinterbeinen.
Lebensraum Inselartig im westlichen Apennin (Italien) vorkommend, in feuchten Tälern und schattigen, bewaldeten Berghängen in Höhen von 200–1200 m. Meist in der Nähe von Bächen, in dichter Vegetation oder unter Laub, Totholz und Steinen.
Wissenswertes Nachtaktiver, versteckt lebender Landsalamander, der bei Gefahr den Schwanz nach oben krümmt und seine rote Unterseite präsentiert („Unkenreflex"). Paarung im Frühjahr an Land, mehrere kleine Gelege mit insgesamt 30–50 Eiern werden in Bächen abgesetzt. Die Larven verwandeln sich nach 2–3 Monaten.

Spanischer Rippenmolch

Pleurodeles waltl
Salamander und Molche *Salamandridae*

> 20–30 cm
> Rippenmolche
> Haut warzig; breiter, flacher Kopf; nach oben gerichtete Augen; Flanken mit braunen Rippenhöckern

Merkmale Größter und kräftigster Molch in Europa. Breiter, flacher Kopf mit kleinen, nach oben gerichteten „Knopfaugen", keine Ohrdrüsen. Haut stark granuliert, seitlich mit einer Reihe von bräunlichen oder gelblichen Erhebungen (Rippenhöcker), unter denen die Rippenenden liegen. Nicht selten stoßen die Spitzen als Schutz vor Feinden sogar durch die Haut. Oberseite grau, bräunlich, gelblich oder oliv, meist mit undeutlichen, dunklen Flecken. Bauchseite gelblich oder hellgrau, unregelmäßig gefleckt. Unterseite des mehr als körperlangen, seitlich abgeflachten und im Wasser mit einem niedrigen, glattrandigen Saum versehenen Schwanzes hellgelb. Männchen zur Fortpflanzungszeit mit dunklen Brunftschwielen an den Innenseiten der Vorderbeine.

Lebensraum Im Westen und Süden der Iberischen Halbinsel, vor allem in feuchten, vegetationsreichen Gebieten bis maximal 1500 m, aber auch in trockenerem Kultur- und Offenland. Zur Fortpflanzung in Teichen, Tümpeln, Brunnen oder langsam fließenden Bächen; teilweise auch ganzjährig aquatisch. An Land unter Steinen, Totholz oder in Erdspalten.

Wissenswertes Vor allem nacht-, während der Fortpflanzung im Frühjahr aber auch tagaktiver Molch. Die Nahrung besteht aus Insekten, Schnecken und Würmern. Bei der im Wasser stattfindenden Paarung umschlingt das Männchen das Weibchen mit seinen Vorderbeinen von hinten. Während dieser Umklammerung (Amplexus), die stunden- bis tagelang andauern kann, kommt es zur Übergabe mehrerer Samenträger (Spermatophoren). Bei der Übergabe löst das Männchen den Amplexus und leitet die Partnerin in einer kreisförmigen Bewegung über die abgesetzten Spermatophoren, so dass diese von der weiblichen Kloake aufgenommen werden und die innere Befruchtung stattfinden kann. Insgesamt 250–500 Eier werden anschließend über mehrere Wochen hinweg in Klümpchen an

Bei manchen Exemplaren durchstoßen die Rippen die Haut.

Wasserpflanzen geheftet. Aus den relativ kleinen Eiern mit großen Gallerthüllen schlüpfen nach 8–10 Tagen die Larven, die abhängig von der Wassertemperatur, nach weiteren 3 Monaten metamorphosieren. Rippenmolche halten bei großer Trockenheit eine Sommerruhe an Land, sind ansonsten aber meist ganzjährig aktiv.

Rippenmolche leben überwiegend aquatisch.

Pyrenäen-Gebirgsmolch

Euproctus asper

Salamander und Molche *Salamandridae*

> 10–16,5 cm
> Gebirgsmolche
> Finger- und Zehenspitzen mit schwarzen „Hornkrallen"; Haut warzig; nur in den Pyrenäen

Merkmale Relativ großer Gebirgsmolch mit breitem, abgeflachtem und durch die stumpfe Schnauzenform kantig wirkendem Kopf, der vom Hals durch eine Kehlfalte getrennt ist. Keine Ohrdrüsen. Hautoberfläche sehr rau und mit vielen Warzen. Schwanz seitlich zusammengedrückt, aber ohne Hautsäume. Finger und Zehen mit schwarzen „Hornkrallen". Oberseite meist düster gefärbt, hell- bis dunkelgrau, braungrau, olivbraun oder fast schwarz. Vor allem jüngere Exemplare und Männchen auch mit mehreren in Längsreihen angeordneten, gelblichen Flecken, die zu einem unregelmäßigen Rückenband verschmelzen können. Kehle orangefarben mit dunkelbraunen Flecken. Bauchseite glatt, in der Mitte bei Männchen kräftig orangerot, bei Weibchen gelblich, seitlich oft heller. Die Kloake der Männchen bildet einen gleichmäßig gerundeten Wulst, die der Weibchen ist kegelförmig vorspringend und nach hinten gerichtet.

Lebensraum Ausschließlich in den französischen und spanischen Pyrenäen und Vorgebirgen. Am häufigsten in Höhenlagen von 1000–

2000 m (maximal 2550 m), seltener auch in Tieflagen bis 250 m. Im Frühjahr und Sommer zwischen Steinen in ruhigen, vegetationslosen Abschnitten stark strömender Bergbäche, Gräben oder Rinnsäle, aber auch in temporären Wasseransammlungen und den Uferzonen von Gebirgsseen. Benötigt konstant niedrige Wassertemperaturen unter 15°C, in tiefen Lagen werden daher oft Höhlengewässer besiedelt. Überwinterung an Land, in der Nähe von Bächen, oft in großen Ansammlungen.

Wissenswertes Die Nahrung der sowohl tag- als auch nachtaktiven Molche besteht aus Wasserinsekten und deren Larven sowie Kleinkrebsen und Würmern. Eine Bedrohung geht von eingesetzten Forellen aus, gefährlichen Fressfeinden. Aquatische Fortpflanzung mit innerer Befruchtung. Die Paarung im Frühjahr und Herbst wird durch eine Signalstellung des Männchens eingeleitet, bei der es die orangefarbene Unterseite seines senkrecht aufgestellten Schwanzes präsentiert. Während des intensiven, viele Stunden dauernden Amplexus (Umklammerung) umschlingt das Männchen die Partnerin mit Schwanz und Vorderbeinen. Dabei gibt es mehrere Spermatophoren ab, die mit den Hinterbeinen in die Kloake des Weibchens einmassiert werden. Insgesamt 30 bis maximal 70 Eier werden später im Bach einzeln an Steine geheftet. Nach 4–5 Wochen schlüpfen die Larven, die bis zur Metamorphose etwa 1 Jahr benötigen. Erst nach 3–4 Jahren erreichen die Tiere ihre Geschlechtsreife; sie können bis zu 20 Jahre alt werden.

Exemplar mit heller Mittellinie

Pärchen bei der Paarung im Amplexus

Korsischer Gebirgsmolch

Euproctus montanus
Salamander und Molche *Salamandridae*

> 7–11 cm
> Gebirgsmolche
> Ohrdrüsen klein, aber deutlich; Kehle ungefleckt; Haut körnig; nur in Bergbächen Korsikas

Merkmale Kleinster europäischer Gebirgsmolch, mit leicht granulierter Haut, abgeflachtem Kopf und kleinen, deutlichen Ohrdrüsen. Oberseite bräunlich, grünlich oder grau, meist dunkel marmoriert und oft mit rötlichem, teilweise unterbrochenem Mittelstreifen. Bauch bräunlich bis hellgrau, ungefleckt. Männchen mit verbreiterten, in einen Sporn endenden Unterschenkeln.

Lebensraum Nur auf Korsika, vor allem in höheren Gebirgslagen bis 1500 m, maximal bis 2100 m, seltener auch in kühlen Gewässern tieferer Zonen. Während der Fortpflanzung an strömungsarmen Stellen sauberer Bergbäche oder in Wassergräben, auch im Uferbereich kleiner Seen und Teiche. An Land unter Steinen.

Wissenswertes Während der Paarung im Frühjahr tag- und nachtaktiv, aquatisch lebend. Winter- und oft auch kurze Sommerruhe an Land. Paarung wie beim Pyrenäen-Gebirgsmolch beschrieben (siehe S. 30). Weibchen heftet die Eier unter Wasser an Steine.

Verwechslungsarten Einzige Molchart auf Korsika.

Sardischer Gebirgsmolch

Euproctus platycephalus

Salamander und Molche *Salamandridae*

> 10–14 cm
> Gebirgsmolche
> Ohrdrüsen undeutlich; „Hechtkopf"; Kehle gefleckt; Haut glatt; nur in Bergbächen Sardiniens

Merkmale Mittelgroßer Gebirgsmolch mit glatter Haut, stark abgeflachtem, hechtartigem Kopf und überstehendem Oberkiefer. Ohrdrüsen undeutlich. Oberseite rötlich, bräunlich oder grünlich, meist dunkel gefleckt und mit rötlich braunem Mittelstreifen. Bauch weißlich bis bräunlich, Kehle und Bauchmitte vor allem bei Männchen dunkel gefleckt. Männchen mit Unterschenkelspornen.

Lebensraum Nur auf Sardinien, v. a. im Gebirge bis 1800 m, aber auch in der Küstenebene. Während der aquatischen Phase im Frühjahr und Sommer in Bächen, Gräben, Tümpeln oder Bergseen. An Land unter Steinen in Gewässernähe.

Wissenswertes Lungen reduziert, toleriert höhere Wassertemperaturen als andere Gebirgsmolche. Paarung im Wasser, wobei das Männchen das Weibchen mit dem Maul packt und Spermatophoren in dessen Kloake einmassiert. 50–200 Eier werden über mehrere Wochen hinweg an Steine geheftet.

Verwechslungsarten Sardische Höhlensalamander (siehe S. 54) mit Spannhäuten zwischen den Zehen, nur an Land.

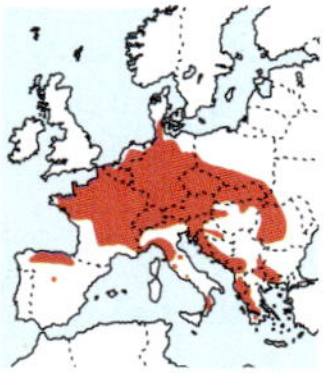

Bergmolch, Alpenmolch

Triturus alpestris
Salamander und Molche *Salamandridae*

> ♂ 8–9 cm, ♀ 10–12 cm
> Bergmolch-Gruppe
> Oberseite der ♂ blau, der ♀ bräunlich; Bauch orange, ungefleckt; Kopf ohne Streifen oder Furchen

Merkmale Mittelgroßer, flachköpfiger Wassermolch mit kurzen Beinen und seitlich abgeflachtem Schwanz. Hautoberfläche im Wasser glatt, während des Landlebens samtartig und körnig. Männchen zur Fortpflanzungszeit mit niedriger Rückenleiste, die direkt in einen Schwanzsaum übergeht. Oberseite der Männchen hell- bis graublau. Seitlich an Kopf und Rumpf ein silberweißes Band mit kleinen, schwarzen Punkten, darunter eine leuchtend hellblaue Zone, die an die orangefarbene Unterseite angrenzt. Rückensaum ebenfalls silberweiß mit schwarzen Punkten. Oberseite der Weibchen bräunlich, grau, grünlich oder fast schwarz, oft mit deutlicher Marmorierung. Bauchseite beider Geschlechter ungefleckt, einfarbig orangerot bis orangegelb. In manchen Populationen tritt eine Kehlfleckung auf.

Lebensraum Weit verbreitet vor allem im Berg- und Hügelland Mitteleuropas, vom äußersten Westen Russlands bis Nordspanien und von Süddänemark bis Griechenland und Mittelitalien (außerdem isoliert in Zentralspanien und Süditalien). Am häufigsten in Hö-

Neotener Griechischer Bergmolch (T. a. veluchiensis)

henlagen zwischen 500 m und 2000 m, im Gebirge in Höhen bis knapp über 2500 m, im Flachland seltener. Lebt vor allem in feuchten, kühlen Habitaten in der Nähe von Gewässern, z. B. in Laubmischwäldern oder vegetationsreichen Bergtälern, aber auch in Gärten und Kulturland. Während der Fortpflanzungszeit in Teichen und Kleinstgewässern wie Wildsuhlen, Gräben oder Wasser gefüllten Radspuren, in Bergseen, seltener auch in langsam fließenden Bächen. In den südlichen Verbreitungsgebieten werden vor allem vegetationsarme Gebirgsseen in höher gelegenen Karstlandschaften besiedelt. Überwintert oft in großen Ansammlungen in Erdhöhlen an Land, seltener im Gewässer.

Wissenswertes Nachtaktiver Molch, der nur während der Fortpflanzungszeit (in Mitteleuropa etwa von Ende Februar bis Juni) auch am Tage zu beobachten ist. Bei den andauernden Balzspielen werben oft mehrere Männchen um ein Weibchen. Das Männchen steht dabei dicht vor der Partnerin und fächelt ihr mit seitlich umgelegtem Schwanz Duftstoffe aus der Kloake zu. Das Weibchen wird unermüdlich verfolgt, bis es seine Paarungswilligkeit durch eine leichte Berührung in der Schwanzregion des

Weibchen (T. a. alpestris)

Männchen (T. a. alpestris)

Männchens signalisiert. Nach dem Absetzen der männlichen Spermatophore am Gewässerboden kriecht das Weibchen über diese Stelle und nimmt den Samenträger mit der Kloake auf (innere Befruchtung). Innerhalb der Laichsaison legt ein Weibchen über mehrere Wochen hinweg insgesamt bis zu 250 Eier, die es mit den Hinterbeinen jeweils einzeln an die Blätter von Wasserpflanzen heftet und einfaltet. Die Embryonalentwicklung dauert je nach Wassertemperatur 2–3 Wochen, die Entwicklung der Larven weitere 3 Monate. Ab Juni oder Juli gehen die adulten Tiere zum Landleben über, die Abwanderung der Jungmolche findet im September und Oktober statt. Nicht selten treten bei dieser Art neotene Exemplare auf – fortpflanzungsfähige, ausgefärbte Individuen, die noch Larvenmerkmale, vor allem Kiemen, besitzen. Insbesondere viele auf dem südlichen Balkan in kalten Bergseen lebende Populationen zeichnen sich durch einen hohen Anteil neotener Individuen aus.

Unterarten In Mitteleuropa lebt die Nominatform *T. a. alpestris*, in Nordspanien ist *T. a. cyreni* beheimatet. Besonders farbenprächtig ist der norditalienische Bergmolch *T. a. apuanus*. Isoliert im Süden Ita-

Exemplar in Landtracht

liens lebt *T. a. inexpectatus* und in den Julischen Alpen *T. a. lacusnigri*. Einige weitere, teilweise umstrittene Unterarten sind aus dem südlichen Balkan beschrieben. Zumindest *T. a. reiseri* aus dem bosnischen Vranica-Gebirge ist heute nicht mehr als eigene Unterart anerkannt, während *T. a. montenegrinus*, *T. a. piperianus* und *T. a. serdarus* aus diversen Karstseen Montenegros sowie der **Griechische Bergmolch** *T. a. veluchiensis* aus Nord- und Mittelgriechenland noch gültige Unterarten sind.

Verwechslungsarten In Deutschland kaum zu verwechseln, allenfalls landlebende Tiere ähneln oberseits Kammmolch oder Alpensalamander, die jedoch keine einfarbig orangegelbe Unterseite besitzen. Karpatenmolch ebenfalls mit orangefarbener Unterseite, besitzt aber deutliche Längsfurchen am Kopf.

Männchen in Wassertracht (T. a. alpestris)

Unterseite des Griechischen Bergmolchs (T. a. veluchiensis)

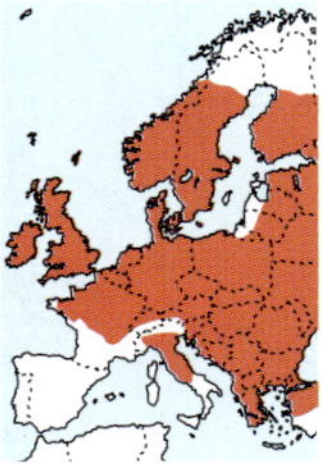

Teichmolch

Triturus vulgaris
Salamander und Molche *Salamandridae*

> 6–11 cm
> Teichmolch-Gruppe
> Kehle und Bauch orangefarben, dunkel gepunktet; ♂ mit hohem, zusammen hängendem Rücken- und Schwanzsaum

Merkmale Schlanker, relativ „zartgliedriger" Wassermolch mit länglichem Kopf und glatter Haut. Südeuropäische Exemplare sind mit 6–9 cm meist kleiner als die in Mittel- und Nordeuropa lebenden Tiere. Kopfoberseite mit 3 Längsfurchen sowie insgesamt 5 mehr oder weniger deutlichen, dunklen Längsstreifen mit dazwischen liegenden hellen Seitenstreifen. Oberseite hellbraun, gelblich, dunkelgrau oder grünlichbraun; Männchen meist mit großen, dunklen, mehr oder weniger runden Flecken, Weibchen oftmals nur mit kleinen Punkten oder nahezu einfarbig. Bauchseite der Männchen in der Mitte leuchtend orangerot oder gelb mit kräftigen, braunen Flecken, am Rand heller gefärbt. Bauch der Weibchen blasser und mit kleineren Flecken versehen. Kehle in der Regel dunkel gepunktet, bei manchen Tieren, vor allem den Weibchen, Kehlflecken undeutlich (selten ganz fehlend). Mitteleuropäische Männchen während der Fortpflanzungszeit im Frühjahr mit hohem, gewelltem oder gezacktem Rückenkamm, der ohne deutliche Einbuchtung direkt in einen hohen Schwanzsaum übergeht. In der Übergangsphase zwischen Land- und Wasserleben ist dieser Rückenkamm relativ glattrandig und auch die Männchen der südlichen Unterarten besitzen einen glatten Kamm. Unterseite des Schwanzsaums meist auffallend orange und blau gefärbt. Weibchen ohne Rückenkamm, aber mit verbreitertem Schwanzsaum. Schwanz spitz zulaufend, bei mitteleuropäischen Exemplaren ohne Endfaden, in Südeuropa meist mit deutlichem Endfaden. Breite, dunkle Hautsäume an den Zehen der Männchen, die außerdem eine große, verdickte Kloakenregion besitzen.

Teichmolch in Landtracht (T. v. vulgaris)

Lebensraum Anpassungsfähige Art, die mit Ausnahme der Iberischen Halbinsel und von Teilen Frankreichs und Skandinaviens in fast ganz Europa verbreitet ist. Lebt vor allem im Flach- und Hügelland in Höhen von 100–1000 m, in Kärnten ausnahms-

Gefleckte Unterseite eines Männchens (T. v. vulgaris)

Männchen in Wassertracht (T. v. vulgaris)

weise bis über 2000 m. Zur Fortpflanzungszeit in kleineren, stehenden, besonnten und vegetationsreichen Gewässern mit Flachwasser- und Verlandungszonen, z. B. Tümpel, Teiche, Gräben oder Fahrspuren. An Land versteckt lebend an feuchten Plätzen, z. B. unter Totholz in Laubmischwäldern oder im Randbereich von Teichen und Seen, als Kulturfolger aber auch in Gärten oder auf Wiesen.

Wissenswertes Lebensweise generell weniger aquatisch als die der anderen europäischen Wassermolche. Eng verwandt mit dem Fadenmolch, mit dem Kreuzungen auftreten können. An Land nachtaktiv, während der aquatischen Phase, die in Mitteleuropa etwa von März bis Juli dauert, auch tagaktiv. Balz mit innerer Befruchtung ähnlich wie beim Bergmolch (siehe S. 34) beschrieben. Die Weibchen setzen in einer Saison insgesamt 100–300 Eier ab, die sie jeweils einzeln in die Blätter von Wasserpflanzen einfalten. Schnelle Larvenentwicklung von 6–8 Wochen, die Jungtiere gehen von Juli bis Oktober an Land, wo sie oft zusammen mit anderen Molchen in Erdlöchern und Spalten überwintern.
Unterarten Mehrere heute z. T. umstrittene Unterarten wurden

Griechischer Teichmolch, Männchen

beschrieben. Die große, durch ihren gezackten Rückenkamm charakterisierte Nominatform, *T. v. vulgaris*, lebt im größten Teil Nord-, Mittel-, West- und Osteuropas.
Der **Mittelmeerteichmolch** (*T. v. meridionalis*) kommt in der südlichen Schweiz, in Italien und im nordwestlichen Balkan vor. Er besitzt einen ungewellten, nahezu glattrandigen Rückenkamm, ebenso wie der nur 6–7,5 cm lange, im südlichen Balkan und in Griechenland lebende **Griechische Teichmolch** (*T. v. graecus*). Die Weibchen der zuletzt genannten Form sind meist deutlich gefleckt, während die Männchen einen langen Schwanzfaden und tiefschwarze Hautsäume an den Hinterzehen besitzen. Weitere europäische Unterarten des Teichmolches wie *T. v. ampelensis* aus dem rumänischen Siebenbürgen sind heute meist nicht mehr anerkannt; andere Unterarten siedeln außerhalb unseres Gebiets.

Paar des Griech. Teichmolches (Männchen oben)

Verwechslungsarten Fadenmolche ohne dunkle Flecken auf Kehle und Bauchmitte, außerdem Hinterfußballen mit 2 hellen Punkten (Fußsohlenhöcker). Italienische und Spanische Wassermolche mit nur einer Längsfurche am Kopf und ohne Zehensäume. Männchen dieser beiden Arten sowie des Karpatenmolchs ohne Rücken- und mit nur schwach entwickeltem Schwanzkamm.

Mittelmeerteichmolch, Männchen

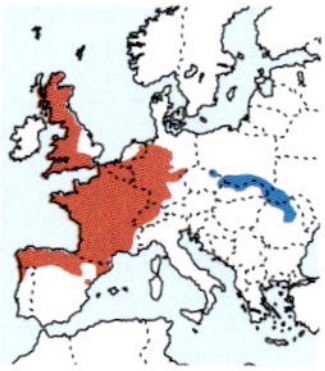

Fadenmolch

Triturus helveticus

Salamander und Molche *Salamandridae*

> ♂ 7–8,5 cm, ♀ 8–9,5 cm
> Teichmolch-Gruppe
> Kehle ungefleckt; ♂ mit Schwanzfaden, dunklen Zehensäumen; je 2 helle Flecken am Hinterfußballen

Merkmale Schlanker, graziler Wassermolch. Länglicher Kopf mit 3 deutlichen Längsfurchen und dunklem, über das Auge zur Schläfe ziehendem Längsstreifen. Oberseite hellbraun, gelblich oder olivfarben, mit dunklen Flecken oder undeutlich marmoriert. Bauchseite in der Mitte zart „silbrig" orange bis gelb, ungefleckt oder mit wenigen undeutlichen Punkten. Kehle weißlich bis rosa und ungefleckt. Männchen während der Paarungszeit mit niedriger, glattrandiger Rückenleiste, mäßig entwickeltem Schwanzkamm, deutlich vom abgestumpften Schwanzende abgesetztem, 5–8 mm langem Endfaden und dunklen, kräftig entwickelten Schwimmsäumen an den Hinterfüßen. Weibchen in Landtracht nicht selten mit heller Rückenmittellinie. Schwanz seitlich mit orangefarbenem Band, ober- und unterseits jeweils mit einer Reihe dunkler Flecken. Ballen der beiden äußeren Zehen v. a. bei den Weibchen mit jeweils einem hellen Fleck (Fußsohlenhöcker).

Lebensraum Im westlichen Europa, von Nordportugal über Frankreich und Großbritannien bis

Mitteldeutschland. Vor allem im bewaldeten Hügelland in Höhen bis etwa 1000 m, in den Pyrenäen bis maximal 2400 m. Zur Paarungszeit in kleineren, meist kühlen, stehenden Gewässern, wie Teichen, Tümpeln, Pfützen, Wagenspuren oder Überschwemmungsflächen. Im Sommer an Land, in lichten Mischwäldern.

Wissenswertes Fortpflanzung etwa von März bis Anfang Juli, in Spanien auch schon ab Januar. Insgesamt 300–450 Eier werden vom Weibchen jeweils einzeln an Wasserpflanzen abgelegt. Die Larven schlüpfen nach 2–3 Wochen und erreichen nach 6–7 Wochen mit einer Länge von 4–5 cm die Metamorphose.

Unterarten Die Nominatform *T. h. helveticus* bewohnt den größten Teil des Verbreitungsgebiets, während die Zuordnung der beiden iberischen Unterarten, *T. h. punctillatus* und *T. h. sequeirai*, noch diskutiert wird.

Verwechslungsarten Siehe Teichmolch (S. 38). Spanischer Wassermolch mit einer Kopffurche.

Ungefleckte Bauchseite eines weiblichen Fadenmolches

Weitere Arten Der nur in den Gebirgen der Tatra und Karpaten heimische, 7–9 cm lange **Karpatenmolch** (*Triturus montandoni*, Verbreitung in Blau) besitzt ebenfalls 3 Kopf-Längsfurchen und einen Schwanzfaden, hat aber eine intensiv orangerote, meist ungefleckte Unterseite und keine Schwimmsäume zwischen den Zehen. Männchen in Wassertracht mit niedriger Rückenleiste und Schwanzflossensaum.

Pärchen des Fadenmolches

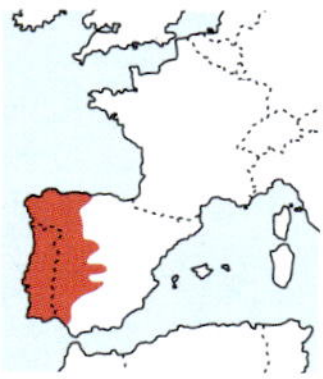

Spanischer Wassermolch

Triturus boscai
Salamander und Molche *Salamandridae*

> ♂ 6–7,5 cm, ♀ 8–9,5 cm
> Teichmolch-Gruppe
> Kopf ohne Seitenstreifen; weißliches Flankenlängsband; ♂ ohne Rücken- und Zehensäume

Merkmale Kleiner, glatthäutiger Wassermolch. Kopf mit einer Längsfurche. Rücken bräunlich, gelblich bis oliv, mit schwarzen Flecken, an Land oft mit rötlicher Mittellinie. Kehle und Bauch orangerot bis gelb mit schwarzen, runden Punkten, am Übergang zum Rücken mit hellem, unscharfem Flankenstreifen. Männchen ohne Rückenkamm, beide Geschlechter im Wasser mit niedrigem Schwanzsaum und kleinem Schwanzenddorn. Ohne Zehensäume.

Lebensraum Mittelgebirgsart Westspaniens und Portugals, verbreitet in Wäldern und im Kulturland. Zur Paarungszeit in kleineren, auch künstlichen, stehenden Gewässern oder schwach strömenden Bächen. Im Sommer an Land unter Steinen und Totholz.

Wissenswertes Paarungszeit von Dezember bis Juni, Fortpflanzung wie beim Bergmolch (siehe S. 34), aber mit komplizierterem Balzverhalten. Insgesamt 150–250 Eier werden einzeln an Wasserpflanzen geheftet. Larvenumwandlung im Mai oder Juni.

Verwechslungsarten Fadenmolch mit ungeflecktem Bauch.

Italienischer Wassermolch

Triturus italicus

Salamander und Molche *Salamandridae*

> 6–8 cm
> Teichmolch-Gruppe
> Heller diagonaler Fleck hinter dem Auge; Kehle dunkler als Bauch; ♂ ohne Rücken- und Zehensäume

Merkmale Kleinster europäischer Wassermolch. Kopf mit einer Längsfurche. Rücken bräunlich mit dunklen Flecken, in Wassertracht zusätzlich mit metallisch glänzenden, goldfarbenen Tupfen. Unterseite orangegelb, schwarz gefleckt. Kehle intensiver gefärbt als Bauch. Länglicher, heller Fleck diagonal hinter dem Auge. Männchen ohne Rückenkamm, beide Geschlechter mit niedrigem Schwanzsaum und kurzem Schwanzenddorn. Zehen ohne Hautsäume.

Lebensraum In Mittel- und Süditalien vom Flachland bis in maximal 1500 m. Zur Laichzeit in kleinen, verkrauteten, oft temporären Gewässern. An Land unter Steinen und Totholz, manchmal aber auch ganzjährig aquatisch lebend.

Wissenswertes Fortpflanzung von Januar bis Mai. Eier werden einzeln an Wasserpflanzen geheftet. Larvenentwicklung dauert in kleinen Gewässern 4–6 Wochen. In Zisternen treten auch neotene Exemplare mit Larvenmerkmalen auf (siehe Bergmolch S. 34).

Verwechslungsarten Teichmolch mit Rückensaum und 3 Kopffurchen, Kehle heller als Bauch.

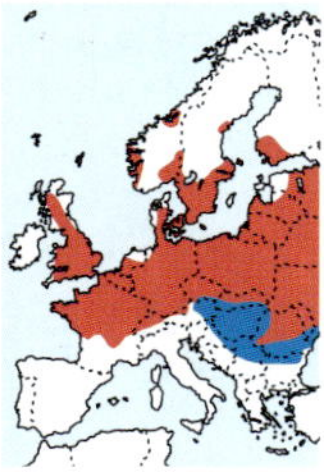

Kammmolch

Triturus cristatus
Salamander und Molche *Salamandridae*

> ♂ 10–16 cm, ♀ 11–19 cm
> Kammmolch-Gruppe
> Flanken weiß granuliert; ♂ mit hohem, vom Schwanzsaum getrenntem Rückenkamm; Bauch orange-schwarz

Merkmale Kräftiger, breitköpfiger Wassermolch mit grobkörniger Haut. Oberseite dunkelbraun, grau- oder schwarzbraun, mit mehr oder weniger deutlichen schwarzen Flecken und an den Flanken intensiv weißlich granuliert. In Landtracht treten vor allem in Nordeuropa auch am Rücken einfarbig schwarze Tiere auf. Bauchseite orangerot bis gelb mit großen, schwarzen Flecken. Kehle dunkelorange bis schwarz, mit kleinen, weißen Punkten. Männchen während der Paarungszeit mit hohem, stark gezacktem Rückenkamm, der über der Schwanzwurzel vom ebenfalls hohen Schwanzsaum durch einen deutlichen Einschnitt getrennt ist. Weibchen ohne Rückenkamm, aber mit niedrigem Schwanzsaum. Schwanz beim Männchen seitlich mit perlmuttfarbenem Längsband, beim Weibchen entlang der Unterseite orangefarben.

Lebensraum Von Frankreich über weite Teile Mittel-, Nord- und Osteuropas bis zum Ural. Vor allem im Flach- und Hügelland zwischen 200 und 600 m, seltener auch bis 1000 m und maximal bis 1700 m. Zur Paarungszeit v. a. in permanenten, stehenden Gewässern mit Pflanzenbewuchs, z. B. Teiche und Wiesengräben, oder auf Überschwemmungsflächen. In offenen Landschaften (Agrarland, Kiesgruben), aber auch in Waldgebieten. Im Sommer an Land unter Totholz, meist in Gewässernähe. Überwinterung im Erdboden.

Wissenswertes Bis vor wenigen Jahren galt der Kammmolch oder Nördliche Kammmolch als eine Art mit 4 Unterarten. Mittlerweile spricht man auch von einer „Superspezies", also einem Komplex aus 4 eng miteinander verwandten Kammmolchen, die untereinander fruchtbare Hybride erzeugen können. Die Nahrung besteht aus Flohkrebsen, Fliegenlarven oder kleinen Würmern. Paarungszeit von März bis Juni, ab Juli wandern die Tiere vom Gewässer ab. Das Gelege besteht aus insgesamt 200–400 relativ großen Eiern, die durch ihre gelblich-grünliche Färbung von den Eiern kleinerer Wassermolcharten gut unterscheidbar sind, werden über mehrere Wochen hinweg einzeln an Wasserpflanzen geklebt. Larven schlüpfen nach 2–3 Wochen, Metamorphose der bis zu 8 cm langen Larven etwa 3 Monate später.

Verwechslungsarten Andere Kammmolcharten sind am einfachsten über das Verbreitungsgebiet zu unterscheiden. Bergmolch in Landtracht oberseits ebenfalls dunkel, aber ohne dunkle Bauchflecken.

Kammmolch-Paar (Weibchen mit orangefarbener Unterseite)

Weitere Arten Der **Donau-Kammmolch** (*Triturus dobrogicus*, Verbreitung in Blau) kommt nur im mittleren und unteren Donau-Tiefland vor. Er ist mit durchschnittlich 12–13 cm Länge etwas kleiner und graziler als die anderen Kammmolcharten, besitzt aber den relativ höchsten und am stärksten gezackten Rückenkamm. Rücken rotbraun bis bräunlich, an den Flanken weiß getüpfelt. Bauch intensiv orangerot, mit dunklen Flecken, die oft zu Längsbändern verschmelzen.

Donau-Kammmolch

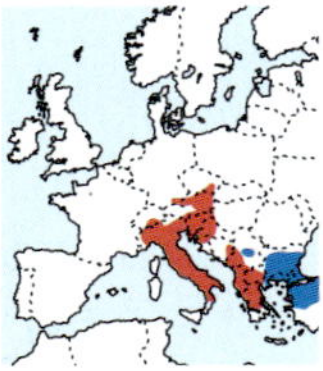

Alpen-Kammmolch

Triturus carnifex
Salamander und Molche *Salamandridae*

> ♂ 10–15 cm, ♀ 12–18 cm
> Kammmolch-Gruppe
> Flanken mit dunklen, runden Flecken, nicht weiß granuliert; ♂ mit Rückenkamm; Bauch orange-schwarz

Merkmale Kräftiger, breitköpfiger Wassermolch mit relativ glatter bis feinkörniger Haut. Oberseite grau, schwarzbraun oder gelblich mit deutlichen, großen, schwarzen, rundlichen Flecken. Dem Nördlichen Kammmolch (siehe S. 46) ähnlich, aber Flanken in der Regel ohne weißliche Granulierung. Jungtiere und Weibchen in Landtracht oft mit rötlicher Mittellinie. Bauchseite orangerot mit großen, schwarzen Flecken, Kehle dunkel mit kleinen, weißen Punkten. Männchen während der Paarungszeit mit gezacktem Rückenkamm, der etwas niedriger ist als beim Kammmolch, aber ebenfalls durch einen tiefen Einschnitt vom Schwanzsaum getrennt. Weibchen ohne Rückenkamm, mit niedrigem Schwanzsaum. Schwanz beim Männchen seitlich mit perlmuttfarbenem Band, beim Weibchen mit orangefarbener Unterseite, aber ohne Perlmuttband. An Land generell dunkler gefärbt als im Wasser.

Lebensraum Von den nordöstlichen Alpen in Österreich über die südliche Schweiz (Tessin, angesiedelt in der Umgebung von Genf) bis nach Italien und in den westlichen Balkan. In Südostbayern (Berchtesgadener Land), einer Kontaktzone mit dem Nördlichen Kammmolch, leben vermutlich keine reinen Alpenkammmolch-, sondern Hybrid-Populationen zwischen beiden Arten. Anzutreffen vor allem in Höhen zwischen 400 m und 1600 m, die Unterart *T. c. macedonicus* bis maximal 2140 m. Zur Paarungszeit in größeren, permanenten, stehenden Gewässern oder langsam fließenden Bächen mit dichtem Pflanzenbewuchs. Im Sommer an Land, in lichten Laubmischwäldern oder auf Wiesen.

Wissenswertes Paarungszeit etwa von März bis Juni. Spätestens Anfang August verlassen die Tiere das Gewässer. Eiablage und Entwicklung wie beim Kammmolch beschrieben (siehe S. 47).

Unterarten Der **Mazedonische Kammmolch** (*T. carnifex macedonicus*) galt bis vor kurzem als Unterart des Persischen Kammmolches, jetzt als Unterart des Alpen-Kammmolches. Er besiedelt das Balkangebiet, während die Nominatform *T. c. carnifex* in Österreich und Italien vorkommt.

Verwechslungsarten Andere Kammmolcharten.

Weitere Arten Die Nominatform des großen, kräftigen **Südlichen** oder **Persischen Kammmolches** (*Triturus k. karelinii*) besiedelt die Türkei und den Kaukasus. Eine erst kürzlich beschriebene Unterart, der nur 10–15 cm lange **Balkan-Kammmolch** (*T. k. arntzeni*, Verbreitung in Blau), kommt aber auch in Europa, im südöstlichen Balkan, vor (Nordostgriechenland, Bulgarien). Er besitzt eine graue Rückenfärbung mit großen, dunklen Flecken und einen weniger hohen und gezackten Rückenkamm, der nur durch eine schwache Einkerbung vom Schwanzsaum getrennt ist.

Weibchen (T. c. carnifex)

Mazedonischer Kammmolch, Männchen

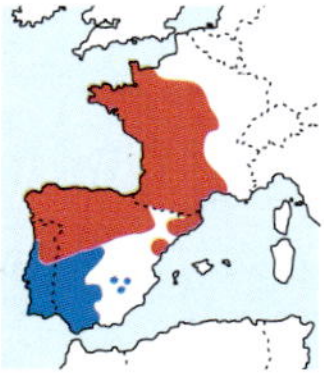

Marmormolch

Triturus marmoratus
Salamander und Molche *Salamandridae*

> 12–16 cm
> Kammmolch-Gruppe
> Oberseite schwarzgrün marmoriert; ♂ mit glattem Rücken- und Schwanzsaum, in der Mitte eingekerbt

Merkmale Relativ großer, rauhäutiger Molch mit breitem, kurzem Kopf. Oberseite intensiv grün mit unregelmäßigen, dunklen Flecken, die eine auffällige Marmorzeichnung ergeben. Weibchen in Landtracht sowie Jungtiere meist mit rötlicher Mittellinie. Bauchseite hell- bis dunkelgrau mit dunklen und hellen Flecken und Punkten. Männchen an Land mit niedriger Rückenleiste, während der Paarungszeit mit hohem, glattrandigem, gelblich und dunkelbraun gestreiftem Rückenkamm, der in einen hohen Schwanzsaum übergeht; beide sind oberhalb der Schwanzwurzel durch eine schwache Einkerbung getrennt. Schwanz seitlich mit silberfarbenem Band. Weibchen ohne helles Seitenband und ohne Rückenkamm, aber mit niedrigem Schwanzsaum.

Lebensraum Im westlichen Frankreich und Spanien, vor allem im Hügel- und Flachland, in Höhen bis maximal 2000 m vorkommend. Zur Paarungszeit in stehenden oder langsam fließenden Gewässern wie Teichen, Tümpeln, Brunnen und Quelltöpfen. Im Sommer an Land, unter Steinen und Holz, in manchen Gebieten auch ganzjährig im Wasser.

Wissenswertes Der Marmormolch ist trotz seiner unterschiedlichen Zeichnung eng mit dem Kammmolch verwandt. Im nordwestlichen und zentralen Frankreich treten „Hybrid-Populationen“ mit dem Nördlichen Kammmolch auf, die irrtümlicherweise als eigene Art *Triturus blasii* beschrieben wurden. Die Nahrung besteht v. a. aus Wirbellosen wie Würmern, aber auch aus kleineren Wassermolchen. Zu den wichtigsten Feinden zählt u. a. die Vipernatter. Fortpflanzung in höher gelegenen und nördlichen Gebieten im Frühjahr und Sommer, in südlichen Regionen auch im Winter. Ein Weibchen legt in einer Saison 200–400 Eier, die es mit den Hinterbeinen einzeln in die Blätter von Wasserpflanzen einfaltet. Die Larven erreichen Längen von 8–9 cm. Marmormolche können ein hohes Alter von 25 Jahren erreichen.

Viele Exemplare weisen eine rötliche Mittellinie am Rücken auf.

Weitere Arten Der sehr ähnliche, aber etwas kleinere und weniger robust gebaute **Zwergmarmormolch** (*Triturus pygmaeus*, Verbreitung in Blau) lebt im Südwesten der Iberischen Halbinsel und wurde erst seit kurzem als eigenständige Art anerkannt.

Ausgewachsenes Männchen in Wassertracht

Italienischer Höhlensalamander

Speleomantes italicus

Lungenlose Salamander Plethodontidae

> 10–12,5 cm
> Europäische Höhlensalamander
> Spannhäute an Finger und Zehen; Nasen-Lippen-Furche; Bauch dunkel; Schnauzenkante deutlich

Merkmale Kleiner, graziler Landsalamander mit großen Augen, Ohrdrüsen, deutlicher Schnauzenkante und einer Nasen-Lippen-Furche (Rinne zwischen Nasenloch und Oberlippe; mit der Lupe betrachten). Rückenzeichnung sehr variabel, meist bräunlich bis rötlich mit unterschiedlich ausgeprägten, dunkelbraunen oder ockerfarbenen Flecken. Bauch bräunlich, teilweise hell gefleckt. Finger- und Zehen mit Spannhäuten, an den Enden abgestutzt. Die Männchen sind oft etwas kleiner und besitzen zur Paarungszeit Kinndrüsen.

Lebensraum Lebt in großen Teilen der nördlichen und zentralen Apenninen (von der Toskana über Umbrien bis in die Abruzzen), wo er feuchte, kühle Habitate in Höhenlagen bis 1600 m besiedelt. Stellenweise sehr häufig und in großen Populationsdichten, v. a. in Höhlen, Gesteinsspalten und Hohlräumen unter morschem Holz oder flachen Steinen.

Wissenswertes Höhlensalamander sind Landbewohner, die schlecht schwimmen, aber äußerst geschickt klettern, selbst an senkrechten Felsflächen. Sie besitzen keine

Lungen, so dass ihre Atmung über die Hautoberfläche und die Mundhöhlenschleimhaut erfolgt. Sie sind vermutlich ganzjährig aktiv. Beim Fang der aus kleinen Insekten, Asseln und Spinnen bestehenden Beute wird die nahezu körperlange Schleuderzunge samt Zungenskelett aus dem Körper gestülpt. Die Fortpflanzung findet an Land statt. Bei der Paarung umklammert das Männchen seine Partnerin am Rücken und gibt Sekrete aus der Kinndrüse ab. Das Weibchen nimmt bei dem nachfolgenden Paarungsmarsch die abgesetzte Spermatophore mit seiner Kloake auf (innere Befruchtung). Das Gelege besteht aus 5–15 Eiern, wird im Frühjahr unterirdisch in Erdhöhlen abgesetzt und vom Weibchen bewacht. Die Entwicklungszeit kann 6–11 Monate betragen.

Weitere Arten Auf dem italienischen Festland kommen 2 weitere, sehr ähnliche Arten vor, die sich eindeutig nur durch die geografisch getrennten Verbreitungsgebiete unterscheiden lassen. Der oberseits meist etwas „leuchtender gefärbte", metallisch goldgelb oder rötlich bis bräunlich glänzende und dunkel gefleckte **Ligurische Höhlensalamander** (*Speleomantes strinatii*, Verbreitung in Grün) lebt in Ligurien und im angrenzenden südöstlichen Frankreich, wo er schattige Wälder und kühle Täler bis 2000 m bewohnt. Der bis vor kurzem oft mit dieser Art verwechselte **La-Spezia-Höhlensalamander** (*Speleomantes ambrosii*, Verbreitung in Blau) kommt in 2 Unterarten nur in einem kleinen Gebiet der Provinz La Spezia bzw. Massa-Carrara vor.

Kopf eines Ital. Höhlensalamanders

Ligurischer Höhlensalamander

Sardischer Höhlensalamander

Speleomantes genei

Lungenlose Salamander *Plethodontidae*

> Gesamtlänge 10–12,5 cm
> Europäische Höhlensalamander
> Spannhäute an Finger und Zehen, Enden abgerundet; Bauch hell; Nasen-Lippen-Furche; nur Sardinien

Merkmale Sehr ähnlich dem Ligurischen Höhlensalamander (siehe S. 52). Auf Sardinien leben 4 äußerlich kaum zu unterscheidende Arten, die im Gegensatz zu den Festlandformen keine Schnauzenkante und einen hellen Bauch mit wenigen dunklen Punkten haben. Oberseite variabel braun mit gelblichen Flecken. Finger und Zehen an den Spitzen abgerundet, etwas verbreitert.

Lebensraum Im Südwesten von Sardinien (bei Iglesiente, Sulcis), häufig an schattigen, feuchten Stellen in Höhlen und unter Steinen, von Meereshöhe bis 1200 m.

Wissenswertes Siehe Ligurischer Höhlensalamander. Gibt bei Berührung aromatisch riechende Duftstoffe ab.

Weitere Arten Auf Sardinien kommen 3 weitere, etwas kräftiger gebaute Höhlensalamander vor: *Speleomantes flavus* im Nordosten der Insel (Monte Albo-Gebiet; in Grün), *Speleomantes supramontis* im zentralen Osten (Golf von Orosei; in Orange) und *Speleomantes imperialis* südlich davon in zentral- und südöstlichen Gebieten (z. B. Nuoro; in Blau).

Europäischer Grottenolm

Proteus anguinus
Olme *Proteidae*

> 20–25 cm
> Olme
> Aalförmig; weiße Haut; äußere Kiemen; reduzierte Gliedmaßen; Augen rudimentär; aquatisch lebend

Merkmale Lang gestreckt und aalförmig mit spatelförmiger Schnauze und Flossensaum am Schwanz. Haut fleischfarben bis gelblich weiß, bei Lichteinfluss dunkel werdend. Jungtiere mit verwaschenen grauen Flecken. 3 Paar rote äußere Kiemenbüschel und rudimentäre, von Kopfhaut überwachsene Augen. Dünne Gliedmaßen, vorne mit 3, hinten mit 2 Zehen.

Lebensraum Aquatisch in sauberen Höhlengewässern des Karstes entlang der Adriaküste von Nordostitalien bis Montenegro, vor allem in unterirdischen Bächen. Nur bei starken Regenfällen werden manchmal Tiere ausgeschwemmt.

Wissenswertes Grottenolme sind neotene (siehe Bergmolch S. 34), albinotische Dauerlarven. Bei plötzlichem Lichteinfall verstecken sich die Tiere. Die Eigelege werden an Steine geheftet und vom Weibchen bewacht. Alter bis zu 60 Jahren. Die Nahrung besteht aus Flohkrebsen und Würmern.

Unterarten Eine pigmentierte, Augen tragende „Variante“ wurde als *P. a. parkelj* beschrieben, evtl. repräsentieren einige geografisch getrennte Populationen auch eigene Arten.

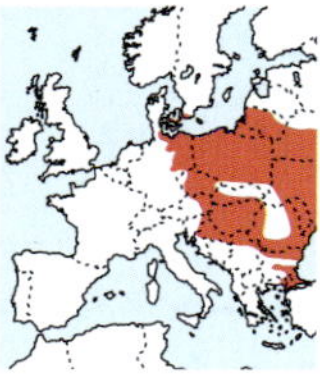

Rotbauchunke, Tieflandunke

Bombina bombina
Unken *Bombinatoridae*

> 3–5 cm
> Unken
> Bauch orangerot mit schwarzen, weiß getüpfelten Flecken; innere Finger und Zehen dunkelgrau

Merkmale Körper abgeflacht mit runder Schnauzenform. Herzförmige Pupille, Trommelfell nicht sichtbar, keine Ohrdrüsen. Rückenhaut mit flachen, weichen Warzen, die jeweils einen kleinen, schwarzen Hornhöcker in der Mitte aufweisen. Oberseite dunkel- bis hellgrau, braun oder grünlich, manchmal mit grünen Flecken oder grüner Mittellinie. Bauchseite mit einem leuchtend orangefarbenen bis roten und schwarzen bis dunkelgrauen Fleckenmuster. Im Gegensatz zur ähnlichen Gelbbauchunke (siehe S. 58) sind die dunklen Zeichnungselemente stets mit vielen kleinen weißen Punkten besetzt und die Finger- und Zehenspitzen sowie die 1. (also inneren) Finger und Zehen sind nicht intensiv gelb, sondern dunkelgrau bis schwarz. Kräftige Schwimmhäute zwischen den Zehen. Männchen mit innerer Schallblase, in der Fortpflanzungszeit mit Brunftschwielen an der Innenseite der beiden Unterarme.

Lebensraum Im östlichen Europa, von Schleswig-Holstein, Sachsen und Österreich über den östlichen Balkan bis zum Schwarzen Meer.

Typische Flachlandart (daher auch Tieflandunke genannt), meist in Höhenlagen unterhalb 200 m, maximal bis 600 m. Wärme liebende, stark wassergebundene Art, vor allem in sonnenexponierten, vegetationsreichen, stehenden Gewässern mit permanenter Wasserführung, z. B. in Weihern, Gräben, Flussaltarmen oder auf Überschwemmungsflächen. Überwintert im Erdboden an Land in der Nähe der Wohngewässer.

Wissenswertes Von März bis Oktober sowohl am Tage als auch nachts aktiv. Die Nahrung besteht vor allem aus Insekten und Spinnentieren. Fortpflanzung etwa von Mai bis Juli; die lauten und melodisch klingenden Unkenrufe sind dann weithin zu hören. Paarung und Abwehrverhalten wie bei der nah verwandten Gelbbauchunke beschrieben, mit der sie in Kontaktzonen auch hybridisiert. Bei der Paarung umklammert das Männchen das Weibchen in der Lendengegend. Insgesamt werden 80–300 Eier in Form kleiner Laichklumpen aus jeweils 20–30 Eiern an Wasserpflanzen geheftet. Die

Unterseite mit typischer Zeichnung

Kaulquappen erreichen eine Länge von 5 cm und metamorphosieren nach 2–3 Monaten. Bei den nur 1–1,5 cm langen Jungtieren ist bereits die rote Bauchzeichnung zu sehen. Sie bleiben zunächst am Laichgewässer, wandern aber später, vor allem bei Regenfällen, auch weit umher.

Verwechslungsarten Die Gelbbauchunke unterscheidet sich durch gelb gefärbte Finger- und Zehenspitzen sowie dunkle Bauchflecken, die nicht oder nur undeutlich weiß getüpfelt sind.

Kopfportrait einer Rotbauchunke

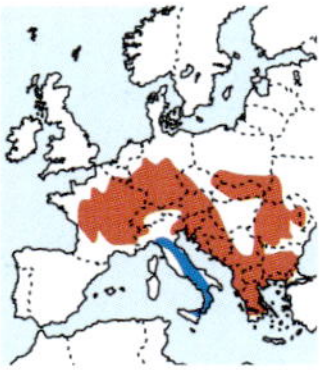

Gelbbauchunke, Bergunke

Bombina variegata
Unken *Bombinatoridae*

> 3–5,5 cm
> Unken
> Bauch gelb mit schwarzen, nicht weiß getüpfelten Flecken; innere Finger und Zehen gelb

Merkmale Körper „krötenähnlich", jedoch abgeflacht und ohne Ohrdrüsen. Haut sehr warzig und rau; in der Mitte der kräftigen Warzen befinden sich meist mehrere winzige, schwarze „Hornstacheln". Pupille herzförmig, kein äußerlich sichtbares Trommelfell. Oberseite lehmfarben, gelblich oder grau- bis olivbraun. Bauchseite dunkelgrau oder schwarz, mit leuchtend gelber bis schwach orangefarbener Fleckenzeichnung. Im Gegensatz zur Rotbauchunke (siehe S. 56) befinden sich auf den dunklen Flächen nur wenige undeutliche oder keine weißen Punkte und zumindest die Finger- und Zehenspitzen sowie die 1. Finger und Zehen sind leuchtend gelb. Die Bauchzeichnung variiert sehr stark und es treten sowohl nahezu einfarbig gelbe als auch (seltener) vollständig schwarze Exemplare auf. Im Gegensatz zur Rotbauchunke, bei der die hellen Oberarm- und Brustflecke nicht miteinander in Kontakt stehen, sind diese bei der Gelbbauchunke in der Regel verbunden und bilden eine zusammenhängende Fläche. Das Fleckenmuster jeder Unke ist einmalig und verändert sich im Laufe ihres Lebens kaum, so dass es sich wie ein Fingerabdruck auch nach Jahren zur individuellen Wiedererkennung eignet. Gut entwickelte Schwimmhäute zwischen den Zehen. Männchen ohne Schallblasen, in der Fortpflanzungszeit mit Brunftschwielen an der Innenseite der Unterarme und an mehreren Fingern.

Lebensraum Außer auf der Iberischen Halbinsel im größten Teil Mittel- und Südeuropas verbreitet, von Frankreich über die deutschen Mittelgebirge nach Süden bis Griechenland. Die in Italien südlich der Poebene lebenden Populationen werden inzwischen als eigene Art betrachtet (s. unten). Eine ausgedehnte, breite Kontaktzone mit der Rotbauchunke verläuft von Deutschland quer über den Balkan bis nach Bulgarien. In diesem Gebiet, z. B. in den Gebirgen der ungarischen Tiefebene, liegt eine schmale, aber stabile Hybridzone

Kahnstellung

mit fruchtbaren Individuen, die die Merkmale beider Arten aufweisen. Während die Rotbauchunke in der Regel vor allem im Tiefland vorkommt, ist ihre Schwesterart im Berg- und Hügelland zu Hause (daher auch der Name Bergunke). In Mitteleuropa sind Gelbbauchunken am häufigsten in Höhenlagen zwischen 300 m und 800 m,

Pärchen im Amplexus

Unterseite einer Griechischen Gelbbauchunke

in den Alpen kommen sie bis 1900 m und im südlichen Balkan sogar bis 2200 m vor. Wasser und Wärme liebende Art, vor allem in kleineren, temporären, flachen, sonnenexponierten und vegetationsarmen Standgewässern, z. B. in Gräben, Fahrspuren, Tümpeln oder Wildsuhlen. Oft in Waldnähe, aber auch in vom Menschen geschaffenen, offenen Pionierstandorten, wie beispielsweise Steinbrüchen oder Truppenübungsplätzen, die ein Mosaik aus Kleinstgewässern bieten. Im Süden oft in Überschwemmungstümpeln von Bergbächen. Überwintert in der Nähe der Gewässer an Land.

Griechische Gelbbauchunke

Wissenswertes Unken sind durch ein charakteristisches Abwehrverhalten, den „Unkenreflex", bekannt. Bei Gefahr nehmen sie eine so genannte Kahnstellung ein, bei der der Rücken durchgebogen und die Arme und Beine seitlich nach oben gebogen werden. Dabei werden Teile der leuchtend gelben Unterseite, vor allem der Gliedmaßen, sichtbar. Die Tiere werfen sich nicht, wie in der Literatur oft zu lesen, auf den Rücken, um ihren Bauch zu präsentieren. Dieses reflexartige Verhalten, das ebenso von anderen Amphibien bekannt ist, wurde erstmals an Unken beschrieben, so dass der Begriff heute auch in anderen Sprachen existiert („the unkenreflex", „el unkenreflex"). Als weitere Abwehrmaßnahme scheiden Unken ein weißliches, die menschlichen Schleimhäute stark reizendes Hautsekret aus („Unkenschnupfen"). Die Aktivitätsperiode dauert in Mitteleuropa von April bis Oktober, die Tiere sind dabei sowohl nachts als auch am Tage aktiv. Die Hauptpaarungszeit liegt in den Monaten Mai bis Juli, wobei meist mehrere, jeweils durch Regenfälle ausgelöste Laichperioden auftreten. In der Regel legt immer nur ein Teil der Weibchen Eier ab, so dass bei Austrocknung des Gewässers auch nur ein Teil des Nachwuchses verloren geht. Die Weibchen werden vom Männchen in der Lendenregion umklammert (Inguinal-Amplexus) und befestigen 100–250 Eier in Form kleiner Laichklumpen aus jeweils etwa 10–30 Eiern an ins Wasser ragenden Grashalmen oder ähnlichen Strukturen. Der Schlupf der Larven erfolgt bereits nach 2–3 Tagen, die

Metamorphose findet nach weiteren 6–9 Wochen statt. Die jungen Unken sind mit 2 Jahren geschlechtsreif und sehr langlebig (im Terrarium bis zu 30 Jahre).
Unterarten Den nördlichen Teil des Verbreitungsgebiets besiedelt die Nominatform, *B. v. variegata*, bei der sich allerdings große genetische Unterschiede zwischen den westlichen und den östlichen (Karpaten) Populationen zeigen. Die meist deutlich warzigere **Griechische Gelbbauchunke,** *B. v. scabra*, kommt im südlichen Balkangebiet vor (Griechenland, Montenegro, Albanien und Bulgarien), während die teilweise umstrittene Unterart *B. v. kolombatovici* nördlich davon in Dalmatien lebt. Beide „Formen" unterscheiden sich genetisch von der Nominatform und besitzen geringfügig voneinander abweichende Bauchzeichnungen. Vor allem bei der dalmatinischen Unterart ist eine Tendenz zu einer nahezu fleckenlosen gelben Bauchseite zu beobachten.

Paar der Italienischen Gelbbauchunke

Weitere Arten Die in Italien südlich der Poebene lebende **Italienische Gelbbauchunke** (*Bombina pachypus*, Verbreitung in Blau) galt vor kurzem noch als Unterart von *B. variegata*. Obwohl äußerlich kaum zu unterscheiden, ist sie aufgrund genetischer Unterschiede heute meist als eigenständige Art anerkannt.

Unterseiten Italienischer Gelbbauchunken

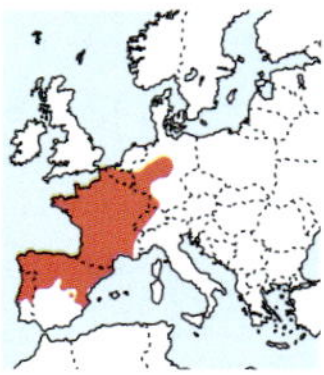

Gemeine Geburtshelferkröte

Alytes obstetricans
Scheibenzüngler *Discoglossidae*

> 4–5,5 cm
> Geburtshelferkröten
> Pupille senkrecht schlitzförmig; Handballen mit 3 Höckern; Flanken mit rötlicher Warzenreihe

Merkmale Körper krötenähnlich gedrungen und kurzbeinig, Haut warzig. Seitlich am Rücken eine Reihe größerer, meist rötlich gefärbter Warzen, die an der kleinen Ohrdrüse beginnt und bis zum Ansatz der Hinterbeine zieht. Senkrecht schlitzförmige Pupille und gut sichtbares Trommelfell. Oberseite variabel gefärbt, meist grau, braun oder oliv, manchmal mit unauffälligen schwarzen oder grünlichen Punkten und Flecken. Bauch weißlich, an Brust und Kehle grau gefleckt. Handballen mit 3 etwa gleich großen Höckern, keine Grabschaufeln oder Schwimmhäute an den Zehen. Männchen ohne Schallblasen und Brunftschwielen, im Sommer oft mit um die Hinterbeine geschlungenen Eischnüren.

Lebensraum Im westlichen Europa, von Portugal bis Mitteldeutschland. Vor allem im bewaldeten Hügelland, meist in mittleren Höhenlagen zwischen 200 und 1000 m, in den Pyrenäen bis auf maximal 2400 m. Feuchtwarme, sonnenexponierte, meist relativ vegetationsarme Standorte; in Mitteleuropa oft in Kulturlandschaften, wie z. B. Steinbrüchen oder Kies- und Sandgruben, auf der Iberischen Halbinsel mit breiterem Habitatspektrum. Larven in kleinen und größeren Wasseransammlungen, z. B. Tümpeln, Fahrrinnen, Bächen oder Gebirgsseen. Tagsüber versteckt in Trockenmauern oder unter Steinen lebend, meist in der Nähe der Gewässer.

Wissenswertes Nachtaktiv. Fortpflanzungszeit in Mitteleuropa von Ende März bis August. Die wohltönenden Rufe der Männchen ähneln Funksignalen oder aus größerer Distanz Glockengeläut (daher der ältere Name Glockenfrosch). Die Paarung erfolgt an Land, wobei das Männchen das Weibchen in der Lendenregion umklammert. Die großen, mit elastischem Gallertmaterial verbundenen Eischnüre aus etwa 20–80 Eiern schlingt das Männchen um die Fersengelenke. Manche Exemplare tragen bis zu 170 Eier und somit die Gelege mehrerer Weibchen bei sich. Die nach 3–6 Wochen schlupfbereiten Larven werden im Gewässer abgesetzt und erreichen eine Länge von 5–10 cm. Sie können in kühlen Sommern ihre Metamorphose nicht vollenden und müssen dann im Wasser überwintern.

Männliche Geburtshelferkröte (A. o. obstetricans)

Unterarten Den Nordwesten der Iberischen Halbinsel besiedelt *A. o. boscai*, den Osten *A. o. almogavarii*, während die Nominatform *A. o. obstetricans* im gesamten übrigen Gebiet vorkommt. Erst kürzlich wurde aus der spanischen Provinz Albacete die Unterart *A. o. pertinax* beschrieben.

Verwechslungsarten Andere Geburtshelferkröten: Handballen bei *A. cisternasii* mit 2 Höckern, *A. dickhilleni* seitlich ohne rötliche Warzenreihe, *A. muletensis* graziler gebaut und nur im nördlichen Teil Mallorcas vorkommend. Schlammtaucher mit seitlichen Hautsäumen an den Hinterzehen. Echte Kröten mit waagerechter Pupille.

Albinotische Kaulquappe kurz vor der Metamorphose

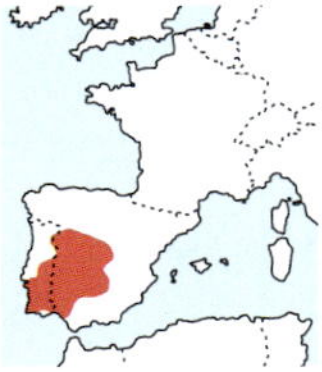

Iberische Geburtshelferkröte

Alytes cisternasii
Scheibenzüngler *Discoglossidae*

> ♂ 3–4 cm, ♀ 3,5–4,5 cm
> Geburtshelferkröten
> Pupille senkrecht schlitzförmig; Handballen mit 2 Höckern; 4. Finger stummelartig kurz

Merkmale Krötenähnlich, mit warziger Haut und kleinen Ohrdrüsen. Pupille senkrecht, oberes Augenlid mit kleinen, rötlichen Warzen. Oberseite bräunlich bis grau, meist mit dunklen Flecken, die 2 undeutliche Längsbänder bilden können. Bauch weißlich, hellgrau gefleckt. Handballen mit 2 ungleich großen Höckern, äußerer (4.) Finger kurz und stummelartig. Keine Grabschaufeln oder Schwimmhäute.

Lebensraum Endemisch im Südwesten der Iberischen Halbinsel, vor allem in tiefen und mittleren Höhenlagen, selten bis 1800 m. Trockenwarme, sonnenexponierte Standorte, z. B. Oliven- und Korkeichenhaine, oder strukturiertes Kulturland entlang von Bächen. Tagsüber versteckt lebend.

Wissenswertes Nahrung v. a. aus Ameisen, anderen Insekten und Schnecken. Fortpflanzung von September bis Mai. Wie bei der Gemeinen Geburtshelferkröte (siehe S. 62) beschrieben, tragen die Männchen 20–180 Eier 3–4 Wochen lang um ihre Hinterbeine geschlungen.

Verwechslungsarten Siehe Gemeine Geburtshelferkröte.

Südiber. Geburtshelferkröte

Alytes dickhilleni
Scheibenzüngler *Discoglossidae*

> 4,5–5,5 cm
> Geburtshelferkröten
> Pupille senkrecht schlitzförmig; Handballen mit 3 Höckern; Haut relativ glatt, ohne rötliche Warzen

Merkmale Krötenartig, in Farbe und Form der Gemeinen Geburtshelferkröte (siehe S. 62) sehr ähnlich, aber mit glatterer Haut, Flanken ohne rötliche Warzenreihe. Oberseite gelblich, bräunlich oder grünlich, meist mit kleinen hellen und dunklen Punkten versehen. Bauch weißlich. Handballen mit 3 Höckern. Ohne Schwimmhäute, Männchen ohne Schallblasen.
Lebensraum Endemisch im Süden und Südosten Spaniens, vor allem in mittleren und großen Höhenlagen von 500–2300 m. Bewohnt Eichen- und Kiefernwälder, aber auch Offenland und felsige Berghänge. Tagsüber versteckt unter Steinen in der Nähe von Bächen.
Wissenswertes Diese Art wurde erst 1995 beschrieben. Fortpflanzung im April und Mai. Paarung wie bei der Geburtshelferkröte beschrieben, die Männchen tragen die Eier bis zu 2 Monate lang um ihre Hinterbeine geschlungen. Die Larven werden in Bächen oder Brunnen abgesetzt und erreichen eine Länge von 6–7 cm. Sie können u. U. in Gewässern überwintern.
Verwechslungsarten Siehe Gemeine Geburtshelferkröte.

Balearen-Geburtshelferkröte

Alytes muletensis
Scheibenzüngler *Discoglossidae*

> ♂ 3–3,5 cm, ♀ 3–4 cm
> Geburtshelferkröten
> Pupille senkrecht schlitzförmig; Finger lang, dünn; Ohrdrüsen undeutlich; nur Mallorca

Merkmale Kleinste, grazilste Geburtshelferkröte mit relativ langen Hinterbeinen, Fingern und Zehen. Haut relativ glatt, Ohrdrüsen kaum entwickelt, Pupillen senkrecht. Oberseite braun, gelblich grün oder grau, mit schwarzen oder olivgrünen Flecken. Handballen mit 3 Höckern, keine Schwimmhäute.
Lebensraum Endemisch im Norden Mallorcas in vegetationsarmen, canyonartigen Schluchten der Serra de Tramuntana, unter Steinen und in Felsspalten entlang der Bäche. Larven im Sommer in felsigen Restwassertümpeln.

Wissenswertes Diese Art wurde zunächst an Hand von Fossilien beschrieben und erst 1979 lebend entdeckt. Fortpflanzung wie bei der Gemeinen Geburtshelferkröte beschrieben (siehe S. 62). Während der Paarung von Ende März bis Juli schlingen die Männchen kleine Laichschnüre aus maximal 7–20 Eiern um die Hinterbeine und tragen sie 3–4 Wochen lang bei sich. Die schlüpfenden Larven werden im Bach abgesetzt.
Verwechslungsarten Siehe Gemeine Geburtshelferkröte.

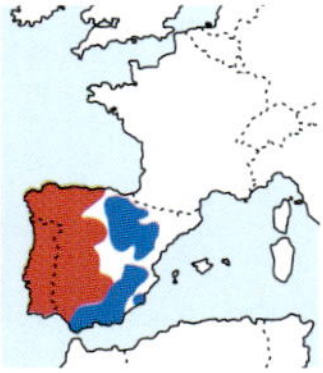

Iberischer Scheibenzüngler

Discoglossus galganoi
Scheibenzüngler *Discoglossidae*

> ♂ 4–8, ♀ 3,5–7 cm
> Scheibenzüngler
> Pupille umgekehrt tropfenförmig; froschähnliche Gestalt; Schwimmhäute; nur Iberische Halbinsel

Merkmale Froschartige Körperform, Haut glatt mit wenigen Drüsen oder Drüsenleisten. Pupille umgekehrt tropfenförmig, Zunge scheibenförmig. Oberseite variabel gefärbt, bräunlich, grünlich, grau, gelblich oder rötlich, entweder mit dunkelbraunen, hell gesäumten Flecken, mit 2 hellen Seiten- und einem Mittelstreifen oder ganz zeichnungslos. Unterseite weißlich. Zehen unterseits glatt, mit Schwimmhäuten. Unterscheidung der ähnlichen Scheibenzüngler am einfachsten durch die Verbreitung. Männchen ohne Schallblasen.

Lebensraum Im Norden der Iberischen Halbinsel. Relativ stark an Wasser gebunden, v. a. an kleinen stehenden und fließenden Gewässern häufig.

Wissenswertes Tag- und nachtaktiv. Paarungszeit das gesamte Jahr über. Insgesamt werden 5000–6000 Eier einzeln oder in Form kleiner Laichballen im Wasser abgelegt.

Weitere Arten Der **Südiberische Scheibenzüngler** (*Discoglossus jeanneae*, Verbreitung in Blau) wurde erst kürzlich als eigene Art erkannt.

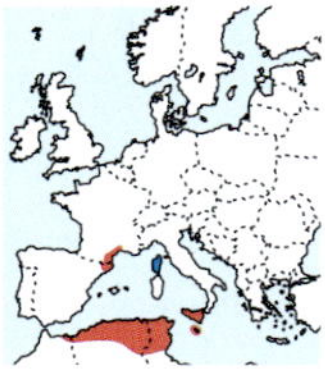

Gemalter Scheibenzüngler

Discoglossus pictus
Scheibenzüngler *Discoglossidae*

> 5–7 cm
> Scheibenzüngler
> Pupille umgekehrt tropfenförmig; froschähnliche Gestalt; nur Südfrankreich, Sizilien und Malta

Merkmale Ähnlich Iberischer Scheibenzüngler (siehe S. 67). Haut glatt mit wenigen Drüsen. Schwimmhäute. Oberseite variabel bräunlich bis rötlich, mit dunklen, hell gesäumten Flecken oder mit Längsbändern. Unterseite weißlich.

Lebensraum Tiefland von Südfrankreich und Nordostspanien sowie Sizilien (bis 1500 m), Malta, Gozo und Nordafrika. Anpassungsfähig, im offenen Gelände an kleineren, stehenden und fließenden Gewässern, auch in Siedlungsnähe.

Wissenswertes Klettert und springt gut. Ablage der Eier in Form kleiner Laichballen.

Unterarten Nominatform auf Sizilien und Malta, *D. p. auritus* aus Nordafrika wurde nach Südfrankreich und Nordostspanien verschleppt.

Verwechslungsarten Siehe Sardischer Scheibenzüngler (S. 69).

Weitere Arten Der an Bergwaldbächen lebende, 5–6 cm lange **Korsische Scheibenzüngler** (*Discoglossus montalentii*, Verbreitung in Blau) ist einfarbig braun oder dunkel gefleckt, besitzt aber keine Längsbänderung oder hellen Säume um die Rückenflecken.

Sardischer Scheibenzüngler

Discoglossus sardus
Scheibenzüngler *Discoglossidae*

> 5–7,5 cm
> Scheibenzüngler
> Pupille umgekehrt tropfenförmig; ohne Rückenbänder oder helle Fleckensäume; nur Korsika, Sardinien

Merkmale Haut relativ glatt, mit flachen Drüsen. Pupille umgekehrt tropfenförmig. Schwimmhäute an den Hinterbeinen. Generelles Erscheinungsbild wie Iberischer Scheibenzüngler (siehe S. 67), aber Oberseite bräunlich mit variablen, dunklen Flecken; ohne hell gesäumte Rückenflecken oder helle Längsbänderung. Unterseite weißlich. Sehr ähnlich dem Korsischen Scheibenzüngler, aber Körper schlanker, Beine etwas kürzer und Schnauze spitzer. Außerdem verjüngt sich der 4. Finger zur Spitze hin.

Lebensraum In Tief- und Bergland (bis 1800 m) von Sardinien, Korsika und umliegenden Inseln (z. B. Giglio) sowie am Monte Argentario (Toskana). An kleineren, stehenden und fließenden Gewässern, meidet auch Brackwasser nicht.

Wissenswertes Tag- und nachtaktiv.

Verwechslungsarten Andere Scheibenzüngler (Verbreitung beachten). Wasserfrösche mit runder, Schlammtaucher mit senkrecht schlitzförmiger Pupille.

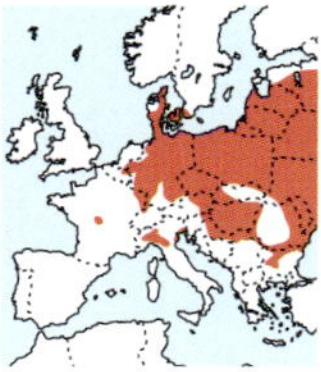

Knoblauchkröte

Pelobates fuscus
Krötenfrösche *Pelobatidae*

> ♂ 4–6,5 cm, ♀ 5–8 cm
> Europäische Schaufelkröten
> Helmartige Kopfaufwölbung; hellbraune Grabschwiele an Ferse; senkrecht schlitzförmige Pupillen

Merkmale Körperbau gedrungen, krötenähnlich. Haut dünn, feucht und relativ glatt, mit flachen Drüsenwarzen. Großer Kopf mit abgerundeter Schnauze und deutlicher, helmartiger Aufwölbung am Scheitel. Hervorstehende große Augen mit senkrecht schlitzförmigen Pupillen, keine Ohrdrüsen, Trommelfell unsichtbar. Oberseite variabel gezeichnet, bei Männchen meist hellbraun bis gelblich braun, bei Weibchen eher graubraun bis hellgrau, mit einem mehr oder weniger symmetrischen Muster aus größeren oliv- bis dunkelbraunen Flecken oder Längsbändern. An den Flanken oft mit ziegelroten Punkten und kleinen Flecken. Bauchseite weißlich, zum Teil dunkelgrau gefleckt. Männchen ohne Brunftschwielen und Schallblasen. Fersenhöcker an der 1. Zehe zu einer hellbraunen, kräftigen Grabschwiele ausgebildet. Gut entwickelte Schwimmhäute zwischen den Zehen.

Lebensraum Große Teile Mittel- und Osteuropas bis zum Ural. Vor allem im Flachland in Höhenlagen unter 200 m, in Tschechien über 700 m. Laichgewässer größere nährstoff- und vegetationsreiche Weiher, Teiche und Wassergräben, aber auch überschwemmte Wiesen, Seeränder und Auengewässer. An Land auf lockeren, sandigen und relativ vegetationsarmen Böden, in die sich die Tiere tagsüber vergraben. Auch auf landwirtschaftlichen Nutzflächen, z. B. in Spargelanbaugebieten oder Kartoffeläckern. Winterruhe von Oktober bis März tief im Erdboden. Das Eingraben erfolgt durch seitliche Bewegungen der Hinterbeine, wobei spezielle Muskelgruppen die scharfkantigen Grabschaufeln aufrichten.

Wissenswertes Haut mit zahlreichen Drüsen, die bei Berührung ein schwach nach Knoblauch riechendes Sekret absondern. Außerdem dienen Aufblähen, an das Schreien von Kleinkindern erinnernde Schreckrufe und plötzliche Attacken zur Abwehr von Feinden wie Ringelnattern oder Graureihern. Außerhalb der Fortpflanzungszeit nachtaktiv, von März bis Juni im Wasser auch tagaktiv. Bei der Paarung umklammern die Männchen die Weibchen in der Lendenregion. Der Laich besteht aus relativ dicken, 20–80 cm langen Schnüren mit unregelmäßig in der Gallertmasse verteilten Eiern, die durch Umherschwimmen des Paares zwischen der Vegetation verspannt werden. Insgesamt werden etwa 1000–3000 Eier abgesetzt. Abhängig von der Wassertemperatur schlüpfen die Larven nach 4–10 Tagen und gehen nach weiteren 2,5–5 Monaten an Land. Die Kaulquappen erreichen im Durchschnitt eine Länge von 10 cm, also ein Mehrfaches der nur

Portrait einer Knoblauchkröte (Scheitelaufwölbung)

2–4 cm langen Jungkröten. Regelmäßig werden aber auch bis zu 18 cm, in Ausnahmefällen sogar über 20 cm lange Larven gefunden. Solche Giganten überwintern im Laichgewässer.

Unterarten Die **Italienische Knoblauchkröte,** *P. fuscus insubricus*, kommt nur in der Poebene vor, während die Nominatform das riesige Restareal bewohnt.

Verwechslungsarten Siehe Messerfuß (siehe S. 72).

Exemplar mit typischer Längsfleckenzeichnung aus Ungarn

Messerfuß

Pelobates cultripes
Krötenfrösche *Pelobatidae*

- ♂ 6–9 cm, ♀ 7–10 cm
- Schaufelkröten
- Ohne Kopfaufwölbung; schwarze Grabschwiele an Ferse; senkrecht schlitzförmige Pupillen; Iberien

Merkmale Ähnlich wie Knoblauchkröte (siehe S. 70). Körperbau gedrungen mit kurzen Hinterbeinen, Haut dünn und relativ glatt, mit wenigen flachen Drüsenwarzen. Kräftiger Kopf mit kurzer, abgerundeter Schnauze. Hervorstehende Augen mit senkrecht schlitzförmigen Pupillen. Keine Schädelaufwölbung, ohne sichtbares Trommelfell und Ohrdrüsen. Oberseite variabel, in der Regel braun, gelblich, grau oder weißlich, mit dunklen, oliv- bis dunkelbraunen Flecken, manchmal auch mit symmetrischem Muster aus Längsbändern. Bauchseite weißlich, zum Teil mit dunkelgrauen Flecken. Männchen ohne Brunftschwielen und Schallblasen. Schwarze, kräftige, scharfkantige Grabschwiele an der Basis der 1. Zehe. Gut entwickelte Schwimmhäute zwischen den Zehen.

Lebensraum In Iberien und Teilen Frankreichs, vor allem in tieferen Lagen, aber auch in Hochebenen bis maximal 1400 m. In offenen Standorten mit sandigen, weichen Böden, z. B. Wiesen, Dünen oder Agrarlandschaften. Zum Laichen in vegetationsreichen Teichen,

Gräben und langsam fließenden Bächen. Tagsüber in Verstecken unter Steinen oder in selbst gegrabenen Gängen. Im Winter in tiefen, selbst gegrabenen Erdlöchern.
Wissenswertes Nachtaktiv, während der Fortpflanzung auch tagaktiv. Zur Abwehr von Feinden geben die Tiere, ähnlich wie Knoblauchkröten, Schreckrufe ab und blähen den Körper „ballonförmig" auf. Die Paarung von Oktober bis Mai wird ausgelöst durch starke Regenfälle. Die Männchen locken die Weibchen mit monotonen Rufserien und umklammern sie in der Lendenregion. Die Gelege, die aus bis zu 7000 unregelmäßig in dicken Gallertschnüren liegende Eier enthalten, werden im Gewässer zwischen Pflanzen verspannt. In Abhängigkeit von der Wassertemperatur schlüpfen die maximal 10–12 cm langen Larven nach 1,5–2 Wochen und gehen nach weiteren 4–6 Monaten an Land. Die Kaulquappen werden oft das Opfer austrocknender Gewässer.

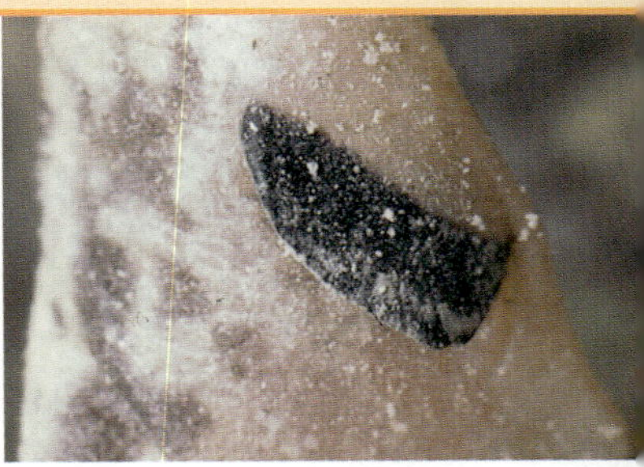

Grabschwiele an der Ferse, der „Messerfuß" (Detail)

Verwechslungsarten Knoblauchkröte mit helmartiger Kopfaufwölbung. Syrische Schaufelkröte mit hellbrauner Grabschwiele. Geburtshelferkröten und Schlammtaucher ohne Schwimmhäute zwischen den Zehen. Echte Kröten mit waagerechter Pupille.

Die Kaulquappe erreicht eine größere Gesamtlänge als das Adulttier.

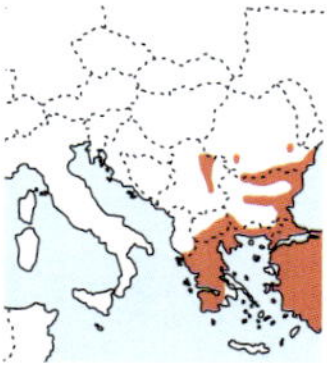

Syrische Schaufelkröte

Pelobates syriacus
Krötenfrösche *Pelobatidae*

> 8–9 cm
> Schaufelkröten
> Ohne Kopfaufwölbung; hellbrauner Fersenhöcker; senkrecht schlitzförmige Pupillen; südlicher Balkan

Merkmale Ähnlich Messerfuß (siehe S. 72). Senkrecht schlitzförmige Pupillen, ohne Schädelaufwölbung. Haut glatt, mit wenigen oft rot gefärbten Drüsenwarzen. Oberseite braun, grau oder weiß, mit grünlichen oder dunkelbraunen Flecken. Bauch weißlich, ungefleckt. Kräftiger, hellbrauner Fersenhöcker (Grabschwiele). Schwimmhäute zwischen den Zehen stärker eingekerbt als bei den anderen Schaufelkröten.
Lebensraum Südlicher Balkan und Vorderasien, in offenen, steppenartigen Landschaften und lichten Wäldern. Zum Laichen in tieferen, vegetationsarmen Teichen, Gräben und Auengewässern. Tagsüber in selbst gegrabenen Verstecken im Boden oder unter Steinen. Im Winter tief im Erdboden vergraben.
Wissenswertes Abwehrverhalten und Fortpflanzung wie bei Knoblauchkröte (siehe S. 70) beschrieben. Paarung nach Regenfällen im Februar und März. Etwa 2000–4000 Eier, die Larven erreichen eine Länge von 10 cm, sehr selten werden sie bis zu 20 cm lang.
Verwechslungsarten Siehe Messerfuß (siehe S. 72).

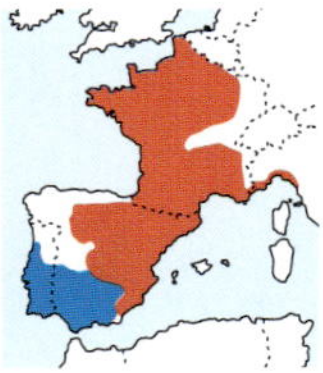

Westlicher Schlammtaucher

Pelodytes punctatus
Schlammtaucher *Pelodytidae*

- ♂ 3–3,5 cm, ♀ 3,5–5 cm
- Schlammtaucher
- Pupille senkrecht; seitliche Hautsäume an den Zehen; warzige, oft grün gesprenkelte Haut

Merkmale Zierlicher Körper mit langen Hinterbeinen. Schmale Ohrdrüsenleiste, Pupillen senkrecht, Haut warzig. Oberseite bräunlich, grau oder oliv, meist mit kleinen schwarzen und leuchtend grünen Flecken (englisch: Petersilienfrosch). Bauch weiß. Ohne Schwimmhäute, aber mit seitlichen Hautsäumen an den Zehen. Männchen mit inneren Schallblasen.

Lebensraum Iberien, Frankreich und Nordwestitalien, in tiefen und mittleren Höhenlagen bis maximal 1500 m. Gut strukturierte Standorte im Offenland (auch trockenes Kulturland) oder in lichten Wäldern, vor allem in der Nähe von Gewässern. Tagsüber in Verstecken unter Steinen.

Wissenswertes Nachtaktiv, springt und klettert gut. Paarungszeit von Oktober bis Mai. Gelege in Form von 3–20 cm langen dicken Schnüren aus 1000–1500 Eiern.

Verwechslungsarten Der **Iberische Schlammtaucher** (*Pelodytes ibericus*, Verbreitung in Blau) wurde erst im Jahr 2000 als eigene, im Südwesten der Iberischen Halbinsel lebende Art beschrieben.

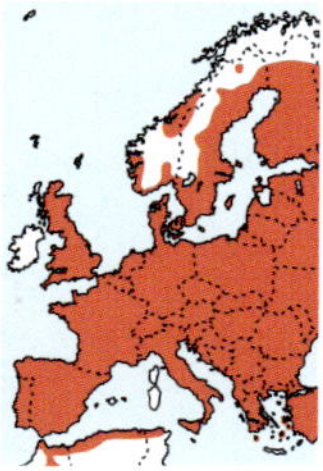

Erdkröte

Bufo bufo
Kröten *Bufonidae*

- ♂ 6–10 cm, ♀ 7–18 cm
- Echte Kröten
- Pupille waagerecht; paarige Gelenkhöcker an der Zehenunterseite; Ohrdrüsen nach hinten leicht auseinander weichend

Merkmale Kräftige, gedrungen gebaute Kröte mit stark variierender Gesamtlänge. In Mitteleuropa beträgt die Maximallänge der Männchen 8–9 cm, der Weibchen 11–12 cm, die meisten Exemplare liegen aber deutlich darunter. In Südeuropa erreichen die Männchen Maximallängen von über 10 cm, die Weibchen bis maximal 18 cm. Sehr warzige, drüsenreiche Haut, deutlich sichtbares Trommelfell und große Ohrdrüsen, die von oben betrachtet nach hinten leicht auseinander weichen. Pupille waagerecht oval mit kupferfarbener Iris. Oberseite bräunlich, gelblich, rötlich, grau oder oliv, einfarbig oder mit undeutlichen dunklen und hellen Flecken; Mittelmeer-Erdkröte meist rötlich oder orange. Bauchseite weißlich, meist graubraun gefleckt. Männchen ohne Schallblasen, aber mit kräftigen Vordergliedmaßen und zur Paarungszeit mit schwarzen Hornschwielen an den Innenseiten der ersten 3 Finger. Mäßig entwickelte

Schwimmhäute. Besitzen auf der Unterseite der längsten (mittleren) Zehe kleine, paarig angeordnete Gelenkhöcker.

Lebensraum Im größten Teil Europas, außer auf einigen Inseln wie Irland, Korsika, Sardinien, Malta, Kreta und den Balearen. Überschreitet in Finnland den Polarkreis. Sowohl im Flach- als auch im Bergland, in den Alpen bis 2200 m, in den Pyrenäen bis 2600 m. Sehr anpassungsfähige Art, meist flächendeckend verbreitet und z. T. sehr häufig. Zum Ablaichen in mehr oder weniger besonnten, stehenden, meist größeren und tiefen Gewässern, wie Seen, Weihern, Fischteichen, aber auch in Flüssen, Bächen oder selten in kleinen, temporären Pfützen. Wichtig sind Bezugsstrukturen zum Anheften der Laichschnüre, z. B. Wasserpflanzen oder ins Wasser ragende Äste. An Land vor allem in Wäldern, aber auch auf Wiesen, in Gärten, Parkanlagen und auf landwirtschaftlichen Nutzflächen. Tagsüber in Versteckplätzen unter Totholz oder Steinen. Überwinterung in Erdhöhlen an Land.

Erdkrötenpaar mit Laichschnur

Wissenswertes Erdkröten gehören durch die an vielen Straßen regelmäßig durchgeführten Krötenzaunaktionen zu den bekanntesten Amphibienarten. Ihre Nahrung besteht aus Insekten, Spinnen und

Zur Paarungszeit umklammern Erdkrötenmännchen fast alles, hier einen Teichfrosch.

Rötlich gefärbtes Exemplar von B. b. bufo

anderen Gliederfüßern sowie Würmern und Nacktschnecken. Bei Gefahr blähen sich Erdkröten auf, scheiden Wasser aus der Blase und giftige Sekrete aus Haut und Ohrdrüsen ab. Häufige Feinde sind Iltisse, Fischreiher, Krähen und Ringelnattern sowie die parasitischen Krötenfliegen. Aus den am Kopf der Kröten abgelegten Eiern schlüpfen Fliegenlarven, die in die Nasenhöhle wandern, dort Schleimhäute, Knorpel und Knochensubstanz zerstören und bis in das Gehirn vordringen, was schließlich zum Tod führt. Art mit relativ starker Laichplatzbindung. Zahlreiche Individuen einer Population kehren zur Fortpflanzung wieder an die Geburtsgewässer zurück, obwohl viele Paare durchaus auch neu angelegte Teiche besiedeln. Unternimmt im Laufe des Jahres relativ weite Wanderungen zwischen Laichplatz sowie Sommer- und Winterquartier. Die Kröten wandern während der Fortpflanzungszeit (in Mitteleuropa von März bis April) in warmen, regenreichen Nächten in Massen an die Gewässer. In dieser Phase sowohl tag- als auch nachtaktiv. Männchen mit ausgeprägtem Paarungstrieb. Sie umklammern alles, das weich und formbar ist und damit entfernt an ein Weibchen erinnert, z. B. andere Amphibien, Fische, tote Tiere oder faulende, im Wasser treibende Pflanzenreste. Ebenso treten Paarungsknäuel mit bis zu 15 Männchen an einem Weibchen auf, das dabei oft ertränkt wird. Im Regelfall wird das Weibchen aber nur von einem Männchen in der Achselregion umklammert und das Paar legt 3000–8000 Eier in Form einer einfachen, etwa 3–5 m langen Laichschnur ab. Die Eier liegen je nach Dehnungsgrad meist in Doppelreihen in der Schnur. Die Kaulquappen schlüpfen nach 2–3 Wochen und fallen durch ihre schwarze Farbe und die Bildung großer Schwärme auf. Sie besitzen Bitterstoffe in der Haut und werden von Fischen zumeist verschmäht (in Fischzuchtteichen treten daher oft größere Erdkröten-Laichgesellschaften auf), nicht aber von räuberischen Insektenlarven. Nach weiteren 2–3 Monaten erreichen die Quappen mit Längen von 3–4 cm die Metamorphose. Die frisch umgewandelten, tagaktiven Jungkröten messen 7–10 mm und er-

Erdkröte mit Wasserlinsen

nähren sich hauptsächlich von Milben, Ameisen und Springschwänzen.

Unterarten Der Status der beiden im Moment gültigen europäischen Unterarten ist umstritten, denn genetische Vergleiche ergaben keine klaren Unterschiede. Die im südlichen Europa verbreitete **Mittelmeer-Erdkröte** (*B. b. spinosus*) ist mit Maximallängen von 15–18 cm allerdings deutlich größer und kräftiger gebaut als die in Ost-, Mittel- und Nordeuropa lebende Nominatform. Sie besitzt auch größere Ohrdrüsen und eine extrem warzige, mit feinen schwarzen Hornstacheln übersäte Haut, eventuell eine Anpassung an die größere Trockenheit. Die in der zentralspanischen Serra de Gredos verbreitete **Gredos-Erdkröte** (*B. b. gredosicola*) unterscheidet sich durch eine geringere Körpergröße und glattere Haut sowie durch die kontrastreich gezeichnete dunkelbraune und grünlich gelbe Körperoberseite.

Spanische Gredos-Erdkröte, Männchen

Verwechslungsarten Kreuzkröte in der Regel mit gelblicher Rückenmittellinie und parallel zueinander verlaufenden Ohrdrüsen. Wechselkröte mit weißlich grünem Fleckenmuster und kleinen, unpaarigen Gelenkhöckern auf der Unterseite der Zehen. Schlammtaucher sowie Schaufel- und Geburtshelferkröten mit senkrecht schlitzförmigen Pupillenschlitzen.

Paar der Mittelmeer-Erdkröte im Amplexus

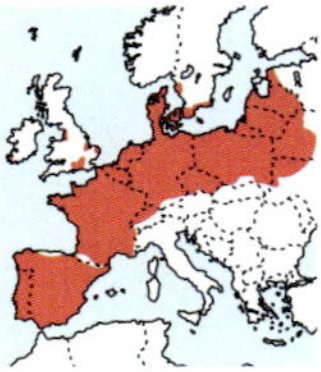

Kreuzkröte

Bufo calamita
Kröten *Bufonidae*

- ♂ 4–8 cm, ♀ 5–9 cm
- Echte Kröten
- Gelber Rückenstreifen; Zehenunterseite mit paarigen Gelenkhöckern; Ohrdrüsen parallel zueinander

Merkmale Körperbau gedrungen. Pupille rund mit gelber bis grünlicher Iris, Trommelfell relativ undeutlich. Warzige, trockene Haut und flache, angedeutet dreieckig geformte, parallel zueinander verlaufende Ohrdrüsen. Oberseite braun, grau, gelblich, oliv oder grünlich, meist mit variablen dunklen Flecken und rötlichen Warzen. In der Regel eine deutliche gelbe Mittellinie, die von der Stirn entlang der Rückenmitte bis zum Körperende verläuft. Bauchseite weißlich, meist grau gefleckt und im hinteren Drittel stärker granuliert. Männchen mit kehlständiger Schallblase, zur Paarungszeit mit schwarzen Hornschwielen an den Innenseiten der ersten 3 Finger. Kleine paarige Gelenkhöcker auf der Unterseite der längsten Zehe, Schwimmhäute mäßig entwickelt. **Lebensraum** In West- und Mitteleuropa sowie Teilen Osteuropas bis zur Ukraine. Vor allem im Flach- und Hügelland, in Spanien bis in 2500 m Höhe. In Deutschland zerstreut, vor allem entlang größerer Flüsse, in Dünen und Kiesgruben. Pionierart offener, trockener und warmer Standorte mit

lockeren, sandigen Böden, in die sich die Tiere eingraben. Zum Laichen vor allem in flachen, besonnten, spärlich bewachsenen Gewässern; häufig in Pioniergewässern.
Wissenswertes Fortbewegung weniger hüpfend oder springend, sondern nach Mäuseart laufend. Die Männchen rufen mit eindringlicher, rätschender Stimme, die dem Gesang von Maulwurfsgrillen ähnelt, aber deutlich lauter ist. Wanderfreudige Art mit geringer Laichplatzbindung. Relativ lang andauernde Fortpflanzungszeit, in Mitteleuropa von März bis September, auf der Iberischen Halbinsel von Dezember bis Juni. Das Ablaichen findet in mehreren, durch Regenfälle ausgelösten Laichperioden statt, wobei etwa 2000–4000 Eier als 1–2 m lange Laichschnüre im seichten Wasser abgelegt werden. Die schwarzen Larven schlüpfen je nach Wassertemperatur nach 2–12 Tagen und entwickeln sich sehr schnell. Sie sind robust und unempfindlich gegenüber erhöhtem Salzgehalt des Wassers und hohen Wassertemperaturen.

Rufende Kreuzkröte mit kehlständiger Schallblase

Die Kaulquappen hinterlassen, ähnlich wie die Larven der Wechselkröte (siehe S. 83), oft ein wabenartiges Muster aus kleinen Vertiefungen auf dem Gewässerboden. Ihre Metamorphose erreichen sie in der Regel innerhalb von 1–2 Monaten. Die frisch verwandelten, tagaktiven Jungkröten sind nur 6–10 mm lang.
Verwechslungsarten Andere Krötenarten sowie Schaufelkröten, Geburtshelferkröten und Schlammtaucher (siehe Erdkröte, S. 76).

Spanisches Exemplar, Männchen

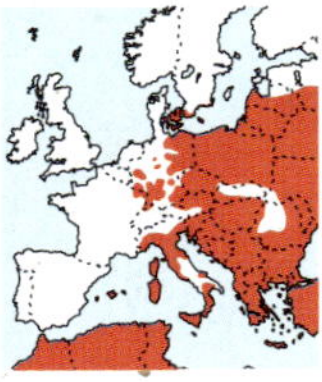

Wechselkröte

Bufo viridis
Kröten *Bufonidae*

> ♂ 6–9 cm, ♀ 7–10 cm
> Echte Kröten
> Grünes Rückenfleckenmuster; unpaarige Gelenkhöcker auf Zehenunterseite; Ohrdrüsen parallel

Merkmale Gedrungener Körperbau, Pupille rund mit grünlich gelber Iris, Trommelfell meist deutlich. Haut trocken mit kräftigen Warzen, parallel verlaufenden Ohrdrüsen sowie kleineren Drüsenpaketen auf Oberschenkel und Unterarmen. Oberseite hellgrau, weißlich, bräunlich oder grünlich mit einem deutlichen Muster aus großen, dunkel- bis hellgrünen, scharf begrenzten Flecken und rötlichen Warzen. Selten mit weißer (aber niemals gelber) Rückenmittellinie. Bauch weißlich bis grau, meist mit kleineren, dunkelgrauen bis dunkelgrünen Flecken. Männchen mit kehlständiger Schallblase und zur Paarungszeit mit schwarzen Hornschwielen an den Innenseiten der ersten 3 Finger. Kleine, einfach angeordnete (unpaarige) Gelenkhöcker auf der Unterseite der längsten Zehe. Schwimmhäute mäßig entwickelt.

Lebensraum Vor allem im östlichen und südöstlichen Europa, von Deutschland und Italien bis Zentralasien, außerdem in Nordafrika und auf großen Mittelmeerinseln wie Korsika, Sardinien, Sizilien oder Kreta; auf den Balearen eingeschleppt. Vor allem im Flachland in Höhenlagen unter 500 m, in Südeuropa aber bis 2400 m und außerhalb Europas noch deutlich darüber. In Mitteleuropa nur zerstreut vorkommend und lokal stark zurückgehend. Wärme liebende Steppenart, die offenes, besonntes und trockenes Gelände mit lockerem Bodensubstrat bevorzugt, z. B. Äcker, Dünen, Trockenrasen, vegetationsarme Ruderalflächen oder Erdaufschlüsse. Zur Laichzeit in stehenden Gewässern mit flachen Uferbereichen wie Teichen oder Wassergräben, unempfindlich gegenüber erhöhtem Salzgehalt des Wassers (hohe „Salztoleranz").

Wissenswertes In Asien kommen tri- und tetraploide Populationen vor, also Wechselkröten mit drei- bzw. vierfachen Chromosomensätzen, deren genaue Zuordnung noch weitgehend ungeklärt ist. Nahrung aus Spinnen, Milben, Ameisen, Käfern und anderen Insekten. Wanderfreudige, agile Art, die sich mit kleinen, schnellen Sprüngen fortbewegt. In Mitteleuropa von März bis Oktober aktiv, vor allem nachts, zur Laichzeit von April bis Juni aber auch am Tage. Die Männchen rufen mit melodischem Trillern im flachen Wasser. Das Weibchen wird vom Männchen in der Achselregion umklammert und legt 2–4 m lange, aus 2000–10000 Eiern bestehende Laichschnüre am Gewässerboden ab. Die Larven schlüpfen bereits nach 1 Woche und hinterlassen auf weichen Böden oft ein wabenartiges Muster, indem sie sich in Massen in kleine Mulden zurückziehen und diese so vertiefen. Nach 2–3 Monaten gehen die 10–15 mm langen, tagaktiven Jungkröten an Land.

Verwechslungsarten Siehe Erdkröte (siehe S. 76).

Wechselkrötenpaar im Amplexus

Die Kaulquappen bilden oft typische Mulden im Bodengrund

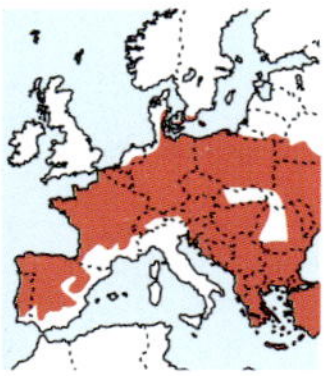

Europäischer Laubfrosch

Hyla arborea
Laubfrösche *Hylidae*

> ♂ 3–5 cm, ♀ 4–6 cm
> Laubfrösche
> Finger- und Zehenspitzen verbreitert; Rücken grün mit dunklem Flankenstreifen und „Hüftschlinge"

Merkmale Kleiner, glatthäutiger, relativ langbeiniger Baumfrosch mit scheibenförmig verbreiterten Finger- und Zehenspitzen. Pupille waagerecht oval. Trommelfell klein, aber deutlich. Oberseite in der Regel einfarbig, hell- bis dunkelgrün (lackfarben), seltener auch gelblich, bräunlich, blau, grau oder gefleckt. Seitlich mit dunklem Flankenstreifen, der von der Nasenöffnung über das Trommelfell bis zur Hüfte zieht, wo er sich nach oben wölbt und eine „Hüftschlinge" bildet. Bauch weißlich oder beige bis hellgrau mit körniger Hautstruktur. Zehen mit Schwimmhäuten. Männchen mit gelblich brauner, oft faltiger Kehle, beim Rufen mit großer, kehlständiger Schallblase. Kehle der Weibchen weiß.

Lebensraum Weit verbreitet in Europa, fehlt nur im Norden, in Großbritannien, sowie in großen Teilen Italiens und der Iberischen Halbinsel. Vor allem im Flach- und Hügelland unterhalb 800 m, aber auch höher, in Spanien bis 2000 m, in Bulgarien bis 2300 m. Außerhalb der Laichzeit auf Bäumen und Sträuchern oder im Teichröhricht, tagsüber oft direkt in der Sonne ruhend. Während der Laichzeit in stehenden, besonnten Gewässern, z. B. in Tümpeln, Wassergräben oder auf Überschwemmungsflächen. Überwinterung an Land, in Gesteinsspalten, Baumhöhlen oder Erdlöchern.

Wissenswertes In Mitteleuropa lokal zurückgehend und z. T. stark gefährdet. Während der Fortpflanzungszeit von April bis Ende Juni rufen die Männchen vor allem nachts mit lauten, rätschenden Stimmen am Uferrand oder auf der Wasseroberfläche treibend. Die Weibchen werden in der Achselgegend umklammert und kleben zwischen 400 und 1400 Eier in Form mehrerer kleiner Klumpen von je 10–50 Stück an Wasserpflanzen. Die relativ Wärme liebenden Larven zeichnen sich durch einen hohen, weit vorn am Körper ansetzenden oberen Hautsaum und einen kugelförmigen, goldfarbenen Bauch aus. Sie erreichen nach

Frisch umgewandeltes Jungtier

8–11 Wochen mit etwa 5 cm Länge die Metamorphose. Laubfrösche erreichen ein hohes Alter von bis zu 15 Jahren.

Unterarten Die Iberische Unterart *Hyla a. molleri* und die durch eine sehr breite Hüftschlinge charakterisierte *H. a. kretensis* von Kreta werden heute oft nicht mehr als eigene Unterarten anerkannt.

Verwechslungsarten Siehe Mittelmeer-Laubfrosch (siehe S. 86).

Rufendes Männchen

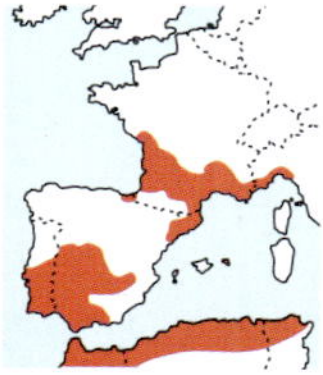

Mittelmeer-Laubfrosch

Hyla meridionalis
Laubfrösche *Hylidae*

> ♂ 4–5, ♀ 4–6,5 cm
> Laubfrösche
> Finger- und Zehenspitzen verbreitert; Rücken meist grün ohne Flankenstreifen und „Hüftschlinge"

Merkmale Langbeiniger, meist leuchtend grüner Baumfrosch mit relativ kurzem, gerundetem Kopf. Glatte Haut und scheibenförmig verbreiterte Finger- und Zehenspitzen. Trommelfell deutlich, Pupille waagerecht oval. Oberseite meist einfarbig grasgrün, seltener gefleckt, bräunlich, blau oder grau. Ohne „Hüftschlinge" (siehe Laubfrosch, S. 84), seitlich mit kurzem, dunklem Streifen, der maximal von der Nasenöffnung über das Trommelfell bis zum Vorderbeinansatz zieht. Bauch granuliert, weiß bis hellgrau. Innenseiten der Oberschenkel gelblich. Schwimmhäute zwischen den Zehen. Kehle beim Weibchen weißlich grün, beim Männchen gelblich braun und faltig, beim Rufen mit großer, kehlständiger, am Rand meist grünlicher Schallblase.

Lebensraum Bewohnt Teile der Iberischen Halbinsel (vor allem den Südwesten und Nordosten), Südfrankreich und Nordwestitalien sowie die Balearen, Kanaren und Nordwestafrika. Vor allem im Flachland in Höhen bis maximal 650 m. Während der Laichzeit in kleineren, stehenden, meist vegetationsreichen und besonnten Gewässern wie Teichen, Weihern, Gräben oder Brunnen. Außerhalb der Laichzeit in Gärten und Wiesen auf Büschen oder Bäumen, tagsüber oft auf Brombeerblättern oder im Röhricht in der Sonne sitzend. Hält meist keine Winterruhe.

Wissenswertes Nahrung aus kleinen Insekten und Spinnen. Ganzjährig aktiv, vor allem nachts und in der Dämmerung, vereinzelt aber auch tagsüber. Fortpflanzung von Dezember bis Mai. Insgesamt klebt das Weibchen etwa 1000 Eier in Form zahlreicher kleiner Klümpchen von jeweils 10–30 Stück im Wasser an Pflanzen. Die Larven schlüpfen nach wenigen Tagen und gehen im Juni und Juli an Land. Sie besitzen, wie die Larven anderer Laubfrösche, hohe Schwanzsäume und einen kugeligen, goldfarbenen Bauch.

Exemplar in typischer Ruheposition

Verwechslungsarten Europäischer und Italienischer Laubfrosch mit deutlichem Flankenstreifen und „Hüftschlinge". Tyrrhenischer Laubfrosch mit undeutlichem, unterbrochenem Flankenstreifen.

Männchen mit gelblicher Kehle

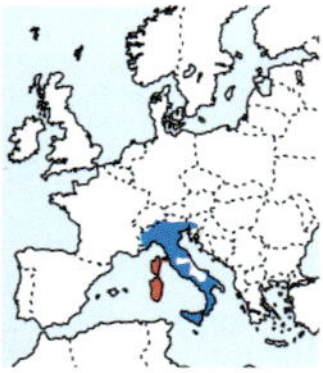

Tyrrhenischer Laubfrosch

Hyla sarda
Laubfrösche *Hylidae*

> ♂ 3–4 cm, ♀ 3–4,5 cm
> Laubfrösche
> Finger- und Zehenspitzen verbreitert; dunkler Flankenstreifen undeutlich; ohne „Hüftschlinge“

Merkmale Kleinster der 4 europäischen Laubfrösche, mit kurzer Schnauze und den relativ kürzesten Hinterbeinen. Haut weniger glatt, meist leicht granuliert. Finger und Zehen mit scheibenförmig verbreiterten Enden. Pupille waagerecht elliptisch, Trommelfell deutlich. Oberseite variabel, oft nicht einfarbig grün, sondern in verwaschenen Braun-, Grün-, Gelb-, Oliv- oder Grautönen und mit dunkelgrünen bis grauen Flecken. Dunkler, undeutlicher Flankenstreifen, der von der Nasenöffnung über das Trommelfell bis zur Hüftregion zieht, aber vor allem ab der Körpermitte teilweise unterbrochen ist und auch keine „Hüftschlinge“ bildet. Bauch weißlich granuliert. Hinterbeine oft mit dunkler Querstreifung. Schwimmhäute zwischen den Zehen. Kehle beim Weibchen weißlich, beim Männchen gelblich braun und faltig. Rufende Männchen mit großer, kehlständiger Schallblase.

Lebensraum Nur auf Sardinien und Korsika sowie auf einigen kleineren, umliegenden Inseln wie Elba. Im Tief- und Hügelland in Höhen bis etwa 1000 m, oft auch in Küstennähe. Vor allem in der Röhrichtzone von Teichen und Weihern oder an Brunnen, aber auch an Waldrändern und in Gärten häufig. Laicht in vegetationsreichen, besonnten Gewässern.

Wissenswertes Nahrung aus kleinen Insekten und Spinnen. Ganzjährig aktiv, vor allem nachts und in der Dämmerung. Beim Laichen umklammert das Männchen das Weibchen in der Achselregion. Die Eier werden in Form kleiner Klümpchen unter Wasser an Pflanzen geheftet. Die Larven schlüpfen nach wenigen Tagen und gehen im Frühsommer an Land.

Verwechslungsarten Der inzwischen als eigene Art geltende **Italienische Laubfrosch** (*Hyla intermedia*, Verbreitung in Blau) ist in der südlichen Schweiz (Tessin) und in Italien einschließlich Sizilien verbreitet. Äußerlich oder durch

Italienischer Laubfrosch von Sizilien

Rufe ist er kaum vom Europäischen Laubfrosch zu unterscheiden. Die Hüftschlinge ist ebenfalls deutlich ausgeprägt, lediglich das Trommelfell ist im Vergleich zu dieser Art etwas größer und der dunkle Flankenstreifen oft erst ab dem Augenhinterrand ausgebildet.

Thyrrenischer Laubfrosch von Korsika

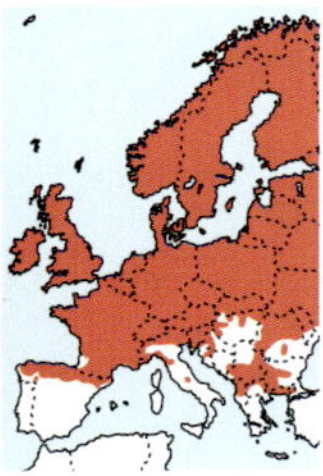

Grasfrosch

Rana temporaria
Echte Frösche *Ranidae*

- ♂ 5–11 cm
- Braunfrösche
- Dunkler Schläfenfleck; kurze Beine; kleiner, weicher Fersenhöcker; stumpfe, aufgewölbte Schnauze

Merkmale Kräftiger, kurzbeiniger Braunfrosch mit (von der Seite betrachtet) aufgewölbter, stumpfer Schnauze. Bei seitlich an den Rumpf angelegtem und vorsichtig nach vorn gebogenem Bein erreicht das Fersengelenk nicht die Schnauzenspitze. Oberseite glatt oder schwach granuliert, mit 2 relativ nahe beieinander liegenden Rückendrüsenleisten, die im Gegensatz zum Moorfrosch (siehe S. 94) weniger stark hervortreten und nur selten weiß abgesetzt sind. Weibchen während der Paarungszeit oft mit gröberer, weißlicher Körnung an den Seiten („Laichausschlag“). Brauner Schläfenfleck mit zentral darin liegendem, deutlich sichtbarem Trommelfell. Unterhalb des Schläfenflecks meist eine helle Oberlippenlinie. Oberseite variabel, hell- bis dunkelbraun, gelblich, oliv oder rötlich, mit unterschiedlich geformten schwarzen oder bräunlichen Flecken. Manchmal auch mit einer hellen, verwaschen wirkenden Mittellinie auf dem Rücken. Bauchseite weißlich bis grau, in der Regel bräunlich (beim Weibchen rotbräunlich) marmoriert oder getüpfelt. Kräftig entwickelte Schwimmhäute an den Hinterbeinen. Fersenhöcker relativ flach, weich und kurz (1. Zehe 2,2–4mal so lang wie der Fersenhöcker). Männchen mit paarigen, kehlständigen, inneren Schallblasen, zur Paarungszeit mit schwarzen Brunftschwielen an der Oberseite der Daumen, mit bläulicher Kehle und durch Lymphansammlungen unter der Haut „glibberig" wirkendem Körper.

Lebensraum Weit verbreitet im zentralen und nördlichen Europa, im Norden bis zum Nordkap, im Osten bis zum Ural, fehlt aber in weiten Teilen Spaniens, Italiens und Griechenlands. Sowohl im Flachland als auch im Gebirge, vor allem in kühlen, schattigen Habitaten, in den Pyrenäen bis fast

Relativ stark dunkel pigmentiertes Männchen

3000 m. Meist sehr häufig, vor allem in offenen Lebensräumen, z. B. in Gärten, auf feuchten Wiesen oder Äckern, aber auch in Wäldern. In manchen Populationen sind in neuerer Zeit lokal auch starke Rückgänge zu verzeichnen. Zur Paarungszeit in stehenden und langsam fließenden Gewässern unterschiedlicher Größe wie Teichen, Fahrspurrinnen, Moor-

Paar im Amplexus

Rötlich gefärbtes Exemplar

schlenken, Schmelzwassertümpeln, Gräben, temporären Pfützen oder sonnenexponierten Verlandungsbereichen von Seen. Im Sommer oft in der Nähe von Bachufern oder an Teichrändern. Überwinterung sowohl im Wasser als auch an Land. Aquatisch überwinternde Exemplare bewegen sich z. T. unter der Eisdecke.

Frisch abgelegte Laichballen

Wissenswertes Anpassungsfähige Art, die sich vor allem von Insekten und anderen Gliederfüßern ernährt. In Mitteleuropa von Februar bis Oktober aktiv, vor allem nachts, zur Laichzeit aber auch tagsüber. Explosivlaicher, der sich nur im Frühjahr wenige Wochen (bis etwa April) am Laichgewässer aufhält, danach wandern die Tiere in die Sommerlebensräume ab. Bei diesen Wanderungen werden meist kleinere Entfernungen von 1–2 km zurückgelegt, in manchen Fällen aber auch Distanzen von über 10 km bei Höhenunterschieden von 500–1000 m. In südlichen Gebieten sind Laichzeiten schon ab November, in höheren Gebirgslagen bis in den Juni hinein die Regel. Die Männchen rufen mit leiser, knurrender Stimme im Gewässer und klammern eintreffende Weibchen in der Achselgegend (Axillaramplexus). Jedes Paar setzt 1 bis maximal 2 Laichballen mit insge-

samt 1000–4000 Eiern am Boden des Gewässers ab. Oft bilden sich in bestimmten Gewässerabschnitten große Laichgesellschaften mit hunderten von Individuen. Die zahlreichen zugleich abgesetzten Laichballen steigen durch Ansammlung von Luftbläschen in der Gallertmasse in der Regel bald an die Wasseroberfläche, wo sie großflächige Eifladen bilden. Die Eier sind kälteresistent und halten selbst kurzzeitiges Einfrieren aus. Die Larven schlüpfen nach 2–3 Wochen und wandeln sich nach weiteren 2–3 Monaten mit einer Länge von etwa 4,5 cm um. Die frisch metamorphosierten Jungtiere haben durch das Einschrumpfen des Schwanzes nur noch eine Länge von 10–15 mm.

Unterarten Die Unterartgliederung des Grasfrosches ist teilweise umstritten. Die Nominatform *R. t. temporaria* besiedelt den größten Teil Europas, während in Nordwestspanien die Unterart *R. t. parvipalmata* und in den südostfranzösischen Alpen *R. t. honnorati* vorkommt. Der Status der aus den französischen Pyrenäen beschriebenen *R. t. canigoensis* und *R. aragonensis* aus den spanischen Pyrenäen (heute meist als Unterart *R. t. aragonensis* angesehen) ist unklar.

Verwechslungsarten Moorfrosch mit spitzer Schnauze, hartem, hochgewölbtem Fersenhöcker und meist hellem, seitlich scharf begrenztem Rückenmittelstreifen. Springfrosch und Italienischer Springfrosch mit längeren Beinen (Fersengelenk überragt Schnauzenspitze) und ungefleckter Unterseite. Kehle beim Spanischen, Griechischen und Italienischen Frosch meist dunkler pigmentiert und mit heller Mittellinie.

Frisch umgewandelter Grasfrosch, Länge etwa 1 cm

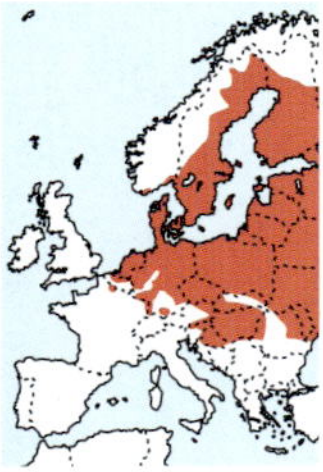

Moorfrosch

Rana arvalis
Echte Frösche *Ranidae*

> 4–7 cm
> Braunfrösche
> Schläfenfleck; oft heller Rückenstreifen; großer, halbrunder, harter Fersenhöcker; Schnauze spitz

Merkmale Kleiner, relativ kurzbeiniger, zierlich gebauter Braunfrosch mit relativ spitzem Schnauzenprofil. Bei nach vorn angelegtem Bein reicht das Fersengelenk – zumindest bei mitteleuropäischen Exemplaren – nur bis zum Auge, aber meist nicht über die Schnauzenspitze hinaus. Brauner Schläfenfleck mit gut sichtbarem Trommelfell. Rückenhaut glatt mit deutlichen, oft weißlich gefärbten Drüsenleisten. Oberseite variabel und relativ kontrastreich gezeichnet, bräunlich, rötlich, gelblich oder graubraun, dunkel gefleckt. Flanken oft heller braun als der Rücken und meist mit breitem, dunkel gesäumtem, hellem Mittellängsband, aber auch zeichnungslose Tiere treten auf. Männchen zur Paarungszeit durch Lymphansammlungen unter der Haut mit „schwabbeligem" Aussehen und oft leuchtend blau bis violett gefärbt. Bauch weißlich, in der Regel ohne Flecken. Mit Schwimmhäuten an den Hinterbeinen. Großer, fester, halbkreisförmig aufgewölbter Fersenhöcker (1. Zehe weniger als 2,1 mal so lang wie der Fersenhöcker). Männchen mit paarigen, inneren, kehlständigen Schallblasen, während der Fortpflanzung mit dunkelbraunen Brunftschwielen an den Daumen.

Lebensraum Im nordöstlichen Mitteleuropa sowie in Nord- und Osteuropa bis Sibirien, vor allem im Flachland in Höhen bis 600 m, maximal bis 1000 m. Hauptsächlich in Niedermooren, Riedgebieten, Feuchtwiesen, Auwäldern und ähnlichen Landschaften mit hohem Grundwasserstand. Zur Laichzeit auf überschwemmten Flächen, in Torfstichen oder Teichen und Wassergräben mit gut strukturierten, besonnten Uferbereichen. Überwinterung v. a. an Land, seltener in Gewässern.

Wissenswertes In Mitteleuropa etwa von März bis Oktober aktiv, vor allem nachts, zur Paarungszeit auch am Tage. Explosivlaicher, der nur für einige Tage oder wenige Wochen im März und April am Laichgewässer erscheint. Die Männchen rufen mit leiser Stimme, die an das Geräusch von Luftblasen erinnert, die aus einer untergetauchten Glasflasche entweichen. Insgesamt 800–3000 Eier werden in Form von 1–2 Laichballen im Flachwasser an Ästen und Pflanzen abgelegt.

Moorfrosch mit typischem hellem Mittellängsband

Unterarten Der **Balkan-Moorfrosch** (*R. a. wolterstorffi*) kommt im südlichen und östlichen Verbreitungsgebiet vor, während die Nominatform das nördliche Areal besiedelt.

Verwechslungsarten Siehe Grasfrosch (siehe S. 90).

Viele Männchen sind zur Fortpflanzungszeit leuchtend blau gefärbt.

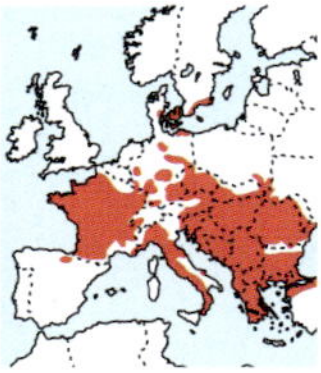

Springfrosch

Rana dalmatina
Echte Frösche *Ranidae*

> ♂ 4–6,5 cm, ♀ 4,5–7,5cm
> Braunfrösche
> Schläfenfleck; lange Beine, lange Schnauze; Trommelfell erreicht Augendurchmesser; Kehle hell

Merkmale Mittelgroßer, relativ schlanker Braunfrosch mit langen Beinen und langer, mäßig zugespitzter Schnauze. Bei seitlich nach vorn angelegtem Bein reicht das Fersengelenk erwachsener Tiere stets deutlich über die Schnauzenspitze hinaus. Brauner Schläfenfleck und großes, nahe am Auge gelegenes Trommelfell, das fast den Augendurchmesser erreicht. Oberseite glatt oder schwach körnig mit 2 deutlichen Rückendrüsenleisten. Meist relativ kontrastarm (laubähnlich) gezeichnet, gelbbraun, rötlich braun, sandfarben oder „rosenholzfarben", nur selten mit kräftiger Rückenzeichnung. Bauch und Kehle weißlich, in der Regel ohne dunkle Flecken. Mittelgroßer Fersenhöcker, dessen Länge im Verhältnis zur 1. Zehe zwischen den entsprechenden Werten von Gras- und Moorfrosch liegt (1. Zehe etwa 1,8–3mal so lang wie der Fersenhöcker). Männchen ohne Schallblasen und zur Paarungszeit mit grauen Brunftschwielen an den Daumen.

Lebensraum Weite Teile Mittel- und Südeuropas, außer dem größten Teil der Iberischen Halbinsel.

Vor allem im Flachland, am häufigsten in Höhenlagen unter 400 m, in den Alpen aber bis 1700 m. In lichten Laubmischwäldern mit Krautschicht oder auf sumpfigen Wiesen entlang von Flussläufen, oft am Waldrand und auf sonnigen Lichtungen. Zur Laichzeit in kleinen und größeren stehenden Gewässern, z. B. Tümpeln, Auwaldgewässern oder mit Wasser gefüllten Radspuren. Überwinterung v. a. an Land, ausnahmsweise aber auch unter Wasser.

Wissenswertes Von Februar bis Oktober aktiv, vor allem nachts, während der Laichzeit von Februar bis April auch tagsüber. Frühlaicher, in Mitteleuropa meist die 1. Froschart am Gewässer. Männchen mit sehr leisen Rufen, die in der Regel unter Wasser abgegeben werden. Das Gelege aus rund 500–1000 Eiern (selten bis 1500) wird als einzelner Laichballen unter Wasser an Ästen oder Wasserpflanzen befestigt. Die Larven schlüpfen nach 3 Wochen, erreichen eine Länge von etwa 6 cm und gehen im Juni oder Juli an Land. Die frisch metamorphosierten Frösche haben eine Länge von nur 1–1,5 cm.

Verwechslungsarten Siehe Grasfrosch (siehe S. 90).

Springfrosch mit dem charakteristischen, großen Trommelfell

Typisch für den Springfrosch sind die langen Hinterbeine.

Italienischer Springfrosch

Rana latastei
Echte Frösche *Ranidae*

> ♂ 4–5,5 cm, ♀ 4–7 cm
> Braunfrösche
> Schläfenfleck; Trommelfell kleiner als Auge; Kehle dunkel marmoriert mit heller Mittellinie; Po-Ebene

Merkmale Relativ kleiner, graziler Braunfrosch mit langen Beinen und abgerundeter Schnauze. Bei seitlich nach vorn gelegtem Bein reicht das Fersengelenk über die Schnauze. Dem Springfrosch ähnlich (siehe S. 96), aber mit kleinerem, weiter vom Auge entferntem Trommelfell, geflecktem Bauch und dunkler Kehle mit hellem Mittelband. Oberseite rötlich braun oder grau- bis dunkelbraun, meist ohne schwarze Flecken. Männchen ohne Schallblasen.

Lebensraum Nur nördliches Italien (Poebene), Südtessin (Schweiz) und Istrien. Im Tiefland in Laubwäldern entlang von Flussläufen, bis maximal 350 m. Lebensweise stark an Wasser gebunden, zur Paarungszeit in Altarmen, Gräben und kleinen Seen.

Wissenswertes Einer der seltensten Frösche Europas. Fortpflanzung von Januar bis April, tag- und nachtaktiv. Kleine Laichballen aus 100–900 Eiern werden an Pflanzen geheftet.

Verwechslungsarten Andere Braunfrösche. Italienischer Frosch plumper und mit feiner gefleckter Kehle.

Italienischer Frosch

Rana italica
Echte Frösche *Ranidae*

> 4–6 cm
> Braunfrösche
> Schläfenfleck; lange Beine; Kehle dunkel mit weißen Flecken und hellem Mittelband; nur Italien

Merkmale Kleiner, relativ plumper Braunfrosch mit kurzer Schnauze und langen Beinen; Fersengelenk reicht bei seitlich nach vorn gelegtem Hinterbein über die Schnauzenspitze hinaus. Oberseite glatt mit Drüsenleisten, bräunlich, rötlich oder gelblich, oft mit hellen „schimmelartigen" Flecken. Bauch weißlich, Kehle dunkel pigmentiert mit hellen Punkten und undeutlichem Mittelstreifen. Männchen mit inneren Schallblasen.

Lebensraum Nur Italien, von Genua südwärts bis zur Stiefelspitze, vor allem im Hügel- und Bergland, an kühlen, sauerstoffreichen Bergbächen und Quellen bis maximal 1700 m. Art stark an Gewässer gebunden.

Wissenswertes Fortpflanzung von Februar bis April. Kleine Laichballen aus 200–1000 Eiern werden unter Steinen in Ufernähe angeheftet.

Verwechslungsarten Andere Braunfrösche. Gras- und Springfrosch mit heller Kehle. Griechischer Frosch größer und plumper gebaut. Italienischer Springfrosch graziler mit gröber marmorierter Kehle.

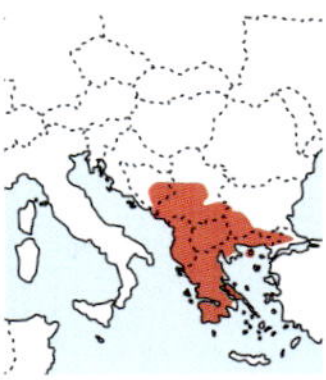

Griechischer Frosch

Rana graeca
Echte Frösche *Ranidae*

> 5–8 cm
> Braunfrösche
> Schläfenfleck; Kehle dunkel mit weißen Flecken und heller Mittellinie; nur südwestlicher Balkan

Merkmale Mittelgroßer, plumper, langbeiniger Braunfrosch mit kurzer Schnauze. Fersengelenk überragt Schnauze bei seitlich am Rumpf angelegtem Bein. Oberseite glatt mit seitlichen Drüsenleisten, bräunlich, rötlich, gelblich oder grau bis olivbraun, oft dunkelbraun gefleckt und mit weißlichen „Schimmelflecken". Bauch hell, Kehle dunkel, mehr oder weniger fein weiß gefleckt und mit heller Mittellinie. Männchen mit inneren Schallblasen, Brunftschwielen.
Lebensraum Südwestlicher Balkan, vor allem im Hügel- und Bergland in Höhen von 100–2300 m. Lebt an kühlen Fließgewässern, z. B. vegetationslosen Bergbächen oder strömungsarmen Abschnitten von Flüssen.
Wissenswertes Sitzt oft am Bachufer, springt bei Gefahr ins Wasser und verbirgt sich unter Steinen. Fortpflanzung von Februar bis April. Laichballen aus rund 200–2000 Eiern wird unter Steinen abgelegt.
Verwechslungsarten Andere Braunfrösche. Springfrosch mit unpigmentierter Kehle. Italienischer Frosch kleiner.

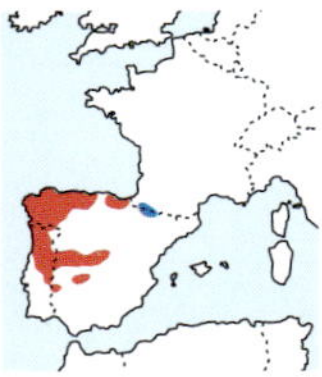

Spanischer Frosch

Rana iberica

Echte Frösche *Ranidae*

> ♂ 3–5 cm, ♀ 4–7 cm
> Braunfrösche
> Schläfenfleck; langbeinig; Kehle dunkel marmoriert mit hellem Mittelband; nur Iberische Halbinsel

Merkmale Graziler Braunfrosch mit kurzer, runder Schnauze und langen Beinen. Fersengelenk überragt Schnauzenspitze bei an den Rumpf angelegtem Bein. Brauner Schläfenfleck. Oberseite glatt mit weit auseinander liegenden Rückendrüsenleisten, bräunlich, dunkeloliv oder grau, oft mit schwarzen und hellen „schimmelartigen" Flecken. Bauch weißlich mit dunklen Flecken, Kehle dunkel marmoriert mit heller Mittellinie. Männchen ohne Schallblasen.

Lebensraum Endemisch im Nordwesten der Iberischen Halbinsel, in Höhen von 100–2300 m, vor allem an kühlen Fließgewässern in lichten Gebirgswäldern.

Wissenswertes Sitzt oft am Uferrand und springt bei Annäherung ins Wasser. Paarung je nach Höhenlage von November bis Mai. Kleines Gelege aus maximal 500 Eiern wird unter Steinen abgesetzt.

Weitere Arten Ein ähnlicher Braunfrosch ist der kleine (maximal 5 cm lange), erst 1993 beschriebene und nur an Gebirgsbächen der Pyrenäen vorkommende **Pyrenäenfrosch** (*Rana pyrenaica*, Verbreitung in Blau).

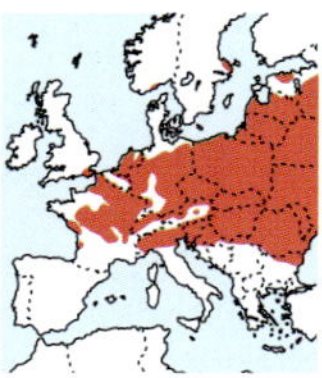

Kleiner Wasserfrosch

Rana lessonae
Echte Frösche *Ranidae*

> ♂ 4,5–6,5 cm, ♀ 5–7,5 cm
> Wasserfrösche
> Fersenhöcker groß, halbkreisförmig; Unterschenkel kurz; Oberschenkel-Hinterseite kräftig gelb

Merkmale Kleinster Wasserfrosch in Mitteleuropa; relativ schlank und spitzschnäuzig mit kurzen Unterschenkeln. Oberseite variabel, meist grasgrün oder bronzefarben, z. T. bläulich grün mit runden, bräunlichen, scharf abgegrenzten Flecken und manchmal gelblichem bis hellgrünem Mittelstreifen. Deutlich sichtbare Rückendrüsenleisten, Extremitäten oberseits bräunlich. Männchen zur Paarungszeit am Vorderkörper oft auffallend „zitronengelb", mit paarigen, seitlich liegenden, weißen Schallblasen und grauen Brunftschwielen an den Daumen. Hinterseite der Oberschenkel kräftig gelb bis orangefarben mit dunkler Marmorierung. Unterseite weiß mit wenigen grauen Flecken. Gut entwickelte Schwimmhäute an den Hinterbeinen. Sicherstes Unterscheidungsmerkmal für mitteleuropäische Wasserfrösche ist der innere Fersenhöcker an der Basis der 1. Zehe, der beim Kleinen Wasserfrosch groß, halbkreisförmig und scharfkantig ist und fast 2/3 der Länge der 1. Zehe erreicht (Verhältnis der Länge der 1. Zehe zur Länge des Fersenhöckers ist kleiner als 2,1).

Lebensraum In weiten Teilen Mittel- und Osteuropas, im Westen bis Frankreich, im Süden bis zur Poebene und im Norden in isolierten Populationen bis nach Schweden. Vor allem im Flachland, aber auch in Mittelgebirgen, in den Alpen bis maximal 1500 m. In der Regel in offenen Landschaften in Gewässernähe. Bewohnt vor allem kleinere, permanente, vegetationsreiche stehende Gewässer, z. B. anmoorige Waldgewässer, Tümpel, Wiesenteiche und wassergefüllte Gräben, aber auch größere Waldweiher mit dicht bewachsenen, sonnenexponierten Bereichen. Seltener in menschlich beeinflussten Lebensräumen. Überwintert in der Regel an Land, manchmal auch unter Wasser. Generell etwas weniger an Gewässer gebunden als Teich- und Seefrosch.

Wissenswertes Von März bis Oktober aktiv, sowohl am Tage als auch nachts. Die Männchen rufen zur Fortpflanzungszeit von Ende April bis Anfang Juli mit lauten, schnarrenden Stimmen. Insgesamt 400–4500 Eier werden in Form mehrerer kleiner Laichballen in flachen Gewässerabschnitten an Pflanzen abgelegt. Je nach Temperatur schlüpfen die Larven nach wenigen Tagen und wandeln sich nach 2–4 Monaten zu kleinen Fröschen um. Die Nahrung besteht aus Insekten, Spinnen, Schnecken und Würmern. Als Feinde spielen vor allem Säugetiere wie Marder und Füchse, räuberische Vögel wie Reiher oder Störche, sowie Ringelnattern und Raubfische eine Rolle.

Beim Schwimmen wird die gelb-schwarz marmorierte Schenkelzeichnung sichtbar.

Verwechslungsarten Teich- und Seefrosch lassen sich am sichersten durch die flacheren Fersenhöcker, längeren Unterschenkel und weniger gleichmäßig schnarrenden, beim Seefrosch „keckernden“ Rufe unterscheiden.

Wasserfrösche sitzen gern auf Teichrosenblättern.

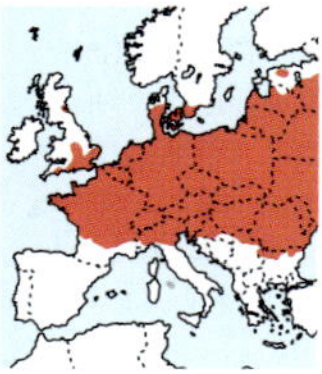

Teichfrosch

Rana esculenta
Echte Frösche *Ranidae*

> ♂ 5,5–10 cm, ♀ 6,5–12 cm
> Wasserfrösche
> Fersenhöcker gewölbt, aber nicht halbkreisförmig; Oberschenkel-Hinterseite meist schwach gelblich

Merkmale Hybridform (siehe unten) mit intermediärem „Erscheinungsbild“ zwischen Kleinem Wasserfrosch und Seefrosch. Färbung ähnlich dem des Kleinen Wasserfrosches (siehe S. 102), aber Männchen mit hellgrauen Schallblasen und weniger intensiver oder fehlender Gelbfärbung. Auch Hinterseiten der Oberschenkel meist nur schwach gelblich braun marmoriert. Rücken variabel gras- bis hellgrün oder bräunlich, mit dunklen Flecken und häufig mit hellem Mittelstreifen. Deutlich sichtbare, oft bronzefarbene Rückendrüsenleisten. Oberseite der Extremitäten bräunlich. Bauch weißlich, meist mit grauen Flecken. Kräftige Schwimmhäute an den Hinterbeinen. Innerer Fersenhöcker relativ groß, aber nicht gleichmäßig halbkreisförmig gewölbt, sondern mit dem höchstem Punkt in Richtung Zehenspitze verschoben. Fersenhöcker erreicht etwa 1/2–2/3 der Länge der 1. Hinterzehe (das Verhältnis der Länge der 1. Zehe zur Länge des Fersenhöckers liegt zwischen 1,9 und 2,6).

Lebensraum Verbreitung fast identisch mit der des Kleinen Wasserfrosches. Größter Teil Mittel- und Osteuropas, vor allem im Flach- und Hügelland bis maximal 1500 m. Bewohnt die unterschiedlichsten Habitate in Wassernähe und ist meist der häufigste Grünfrosch. Bevorzugt kleinere Teiche, aber auch größere, stehende Gewässer wie Seen und Weiher mit sonnenexponierten, vegetationsreichen Ufer- und Flachwasserbereichen. Überwintert sowohl im Wasser als auch an Land.

Wissenswertes Der Teichfrosch ist eine Bastardform, die ursprünglich aus Kreuzungen zwischen dem Kleinen Wasserfrosch und dem Seefrosch hervorgegangen ist. Jeweils die Hälfte des Erbguts geht auf eine dieser beiden Elternarten zurück und ein spezieller Fortpflanzungsmodus (Hybridogenese) führt während der Keimzellenbildung zur Eliminierung jeweils des kompletten Erbsatzes eines der Elternteile, im Regelfall jener Art, mit der der Teichfrosch zusammenlebt und sich ständig kreuzt. Auf diese Weise entstehen bei Paarungen zwischen Hybrid und Elternart immer wieder nur Hybriden. Um solche Bastardformen von „echten" Arten und „normalen" Hybridformen nomenklatorisch abzugrenzen, werden sie auch als Kleptons bezeichnet, in diesem Fall also *Rana* kl. *esculenta* (von kleptein, griechisch stehlen). Die Nachkommen aus Paarungen zwischen Teichfröschen erreichen häufig nicht die Geschlechtsreife, doch sind mittlerweile viele reine Bastardpopulationen bekannt, die dann meist einen hohen Prozentsatz an triploiden Individuen aufweisen. Biologie ähnlich wie beim Kleinen Wasserfrosch beschrieben.

Verwechslungsarten Andere Wasserfrösche.

Rufendes Männchen mit hellgrauen Schallblasen

Die hellen Eier werden in kleinen Laichballen abgesetzt.

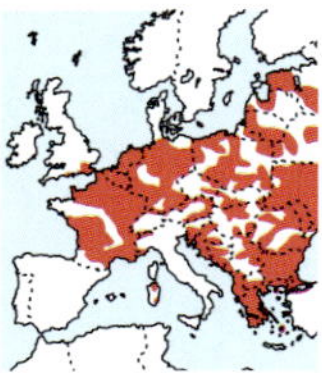

Seefrosch

Rana ridibunda
Echte Frösche *Ranidae*

> ♂ 5–10, ♀ 6–14 cm
> Wasserfrösche
> Fersenhöcker klein, flach, dreieckig; Oberschenkel-Hinterseite ohne Gelb; dunkle Schallblasen

Merkmale Großer, kräftiger Wasserfrosch mit langen Beinen und stumpfer Schnauze. Haut relativ warzig und rau, mit deutlichen Rückendrüsenleisten. Oberseite meist olivbraun bis grau, seltener auch dunkel- bis hellgrün oder gelblich mit unregelmäßig geformten bräunlichen Flecken und in der Regel mit einem hellen Rückenmittelstreifen. Unterseite weißlich mit dunklen Flecken, in südöstlichen Gebieten auch einfarbig weiß. Hinterseite der Oberschenkel weißlich oder grau mit dunkler Marmorierung, ohne Gelbtönung. Männchen mit paarigen, dunkelgrauen Schallblasen, zur Paarungszeit mit grauen Brunftschwielen. Kräftig entwickelte Schwimmhäute. Innerer Fersenhöcker klein, dreieckig und flach (Verhältnis der Länge der 1. Zehe zur Länge des Fersenhöckers ist größer als 2,4).

Lebensraum Große Teile Mittel- und Osteuropas, wurde weit verschleppt, z. B. in die Schweiz und den Südosten Englands. Vor allem im Flachland, aber auch in Mittelgebirgen, im Süden bis auf 2000 m. Aquatische, gesellig lebende Art offener Landschaften, in der Nähe stehender oder langsam fließender, meist größerer Gewässer mit sonnenexponierten, reich bewachsenen Flach- und Stillwasserzonen. In vielen Gebieten ein typischer Flussbewohner, im Süden auch in temporären Kleinstgewässern. Überwinterung meist im Wasser.

Wissenswertes Die korrekte Bezeichnung für unsere heimischen Seefrösche ist aktuell noch in der Diskussion, da sich offensichtlich mehrere Arten unter der Bezeichnung *R. ridibunda* verbergen. Die auf dem südlichen Balkan lebenden Populationen werden auch als *Rana kurtmuelleri* oder *Rana balcanica* bezeichnet, vielleicht ungültigen Synonymen. Neueste Befunde deuten darauf hin, dass die mitteleuropäischen und auch die meisten südeuropäischen Populationen zwar derselben Art angehören, sich genetisch aber von der aus Osteuropa stammenden „echten" *Rana ridibunda* deutlich unterscheiden. Sollte sich dies bestätigen, könnte für unseren einheimischen Seefrosch ein anderer Name Gültigkeit bekommen. In Mitteleuropa von

Braun gefärbtes Exemplar

April bis Oktober aktiv, mit einer Hauptlaichphase im Mai und Juni. Weibchen legt bis zu 10 000 gelbliche Eier, die in Form mehrerer Laichballen an der Unterwasservegetation befestigt werden. Larven 7–9 cm lang. Stimme „keckernd", mit einzeln hörbaren Impulsgruppen.

Verwechslungsarten Kleiner Wasser- und Teichfrosch, die größere und stärker gerundete Fersenhöcker und weniger „keckernde", gleichmäßig schnarrende Rufe besitzen.

Seefrosch aus dem nördlichen Griechenland, evtl. R. balcanica

Epirus-Wasserfrosch

Rana epeirotica
Echte Frösche *Ranidae*

> ♂ 6–8,5 cm, ♀ 6,5–10 cm
> Wasserfrösche
> Fersenhöcker sehr klein, dreieckig; Oberschenkel grün mit dunkler, bogenförmiger Streifenzeichnung

Merkmale Mittelgroßer Wasserfrosch mit flachen Rückendrüsenleisten und kleinem, flachem, dreieckig geformtem Fersenhöcker. Oberseite oliv- bis hellgrün mit großen, unregelmäßigen, dunkelgrünen Flecken und oft mit einem hellgrünen Rückenmittelstreifen. Unterseite weißlich. Kräftige, gelblich erscheinende Schwimmhäute an den Hinterbeinen. Oberseite der Oberschenkel grün mit bogenförmigen, dunklen Streifen, die bis zur Unterseite ziehen. Männchen zur Paarungszeit mit paarigen, schwarzen bis dunkelgrauen Schallblasen und dunklen Brunftschwielen.

Lebensraum In Westgriechenland westlich des Pindos-Gebirges, einschließlich Korfu und Teilen des Peloponnes, sowie im Süden Albaniens von Meereshöhe bis 500 m. In Seen oder Teichen und in ruhigeren Abschnitten von Flüssen oder Kanälen.

Wissenswertes Die Weibchen legen im März/April etwa 2000–3000 Eier. In Gebieten mit Seefroschvorkommen treten Hybridformen auf.

Weitere Arten Im südlichen Balkan und in Griechenland leben außer dem Epirus-Wasserfrosch und dem Seefrosch, der von manchen Autoren dort auch unter den Namen *Rana kurtmuelleri* oder *R. balcanica* geführt wird (siehe Seefrosch, S. 106), 4 weitere Wasserfroscharten, die in der Regel aber nicht zusammen vorkommen. Diese Arten sind äußerlich oft schwierig voneinander zu unterscheiden und können untereinander hybridisieren. Im Küstentiefland Albaniens und Montenegros (Skutari-See) lebt der 6–8 cm lange **Skutari-Wasserfrosch** (*Rana shqiperica*, Verbreitung in Grün), der einen deutlich aufgewölbten Fersenhöcker besitzt. Auf Kreta sind der **Kreta-Wasserfrosch** (*Rana cretensis*, Verbreitung in Blau) und auf Karpathos und Rhodos der z. T. noch umstrittene **Karpathos-Wasserfrosch** (*Rana cerigensis*, Verbreitung in Orange) jeweils die einzigen Wasserfrösche – beide Arten wurden erst 1996 beschrieben. Die systematische Zuordnung der in der Türkei und auf den ihr vorgelagerten griechischen Inseln lebenden Wasserfrösche, die heute meist als **Levante-Wasserfrosch** *(Rana bedriagae)* oder mit dem ungültigen Synonym *Rana levantina*, Verbreitung in Braun) bezeichnet werden, ist zum jetzigen Zeitpunkt noch nicht vollständig geklärt. Möglicherweise ist *Rana caralitana* eine weitere eigenständige Art dieser Region.

Die Systematik der griechischen Wasserfrösche ist noch ungeklärt.

Exemplar auf Naxos, möglicherweise der Levante-Wasserfrosch

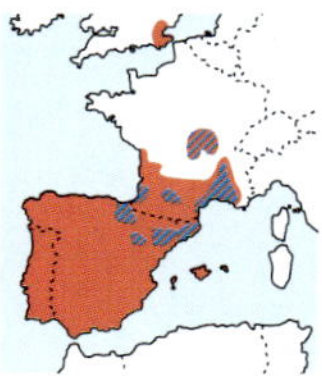

Iberischer Wasserfrosch

Rana perezi

Echte Frösche *Ranidae*

> ♂ 4–7 cm, ♀ 5–10 cm
> Wasserfrösche
> Fersenhöcker klein, flach; Hinterseite der Oberschenkel nicht gelb; Iberien und Südfrankreich

Merkmale Mittelgroßer Wasserfrosch mit kleinem, flachem Fersenhöcker. Ähnelt sehr dem Seefrosch (siehe S. 106), aber meist kleiner, schlanker und mit spitzerer Schnauze. Oberseite glatt oder schwach „körnig", selten auch warzig, mit 2 deutlichen, meist bronzefarbenen Rückendrüsenleisten. Rückenfärbung variabel, unterschiedliche Grün-, Braun-, Grau- oder Gelbbtöne mit unregelmäßigen dunkelbraunen Flecken und oft mit gelblicher Mittellinie. Bauch weißlich mit hellgrauen Flecken. Gut entwickelte Schwimmhäute zwischen den Zehen. Hinterseite der Oberschenkel weißlich und braun marmoriert, ohne Gelbtöne. Männchen mit paarigen, grauen Schallblasen und zur Paarungszeit mit dunklen Brunftschwielen.

Lebensraum Auf der Iberischen Halbinsel und in Südfrankreich (östlich bis Lyon) fast flächendeckend verbreitet, mit Ausnahme von Hochgebirgen. Wurde auch verschleppt, z. B. auf die Kanaren, Azoren und Madeira, sowie vermutlich auf die Balearen, Pityusen und in den Südosten Englands. Vor

allem in Höhenlagen von 0–1800 m, maximal bis 2400 m. Sehr anpassungsfähige Art, die an fast allen kleinen und großen, stehenden Gewässern, aber auch in nicht zu kalten und schnell fließenden Bächen oder selbst in brackigen Strandgewässern anzutreffen ist.
Wissenswertes Die Frösche sind nacht- und tagaktiv und sitzen oft am Ufer, von wo aus sie bei Gefahr ins Wasser springen. Paarung je nach Region und Höhenlage von Februar bis November. Die 1000–10000 Eier werden in Form mehrerer Laichballen an der Unterwasservegetation abgesetzt.
Weitere Arten In der zentralspanischen Sierra de Gredos lebende Populationen des Iberischen Wasserfrosches besitzen eine sehr warzige, fast krötenähnliche Hautstruktur, und die Tiere erreichen mit bis zu 14 cm Länge ungewöhnliche Größenausmaße. Ihr systematischer Status ist noch unklar. Eine hybridogenetische Bastardform (siehe Teichfrosch, S. 104) des

Kopf eines typisch gefärbten Iberischen Wasserfrosches

Iberischen Wasserfrosches ist der **Grafsche Hybridfrosch** (*Rana grafi* bzw. *Rana* kl. *grafi*, Verbreitung in Blau schraffiert). Diese Bastardform mit dem Seefrosch als zweite Elternart lässt sich äußerlich kaum von *R. perezi* unterscheiden und ist bisher nur an wenigen Fundorten in Südfrankreich und Spanien sicher nachgewiesen. Ihr Verbreitungsgebiet dürfte allerdings wesentlich größer sein.

Paar des Iberischen Wasserfrosches im Amplexus (Sierra de Gredos)

Italienischer Wasserfrosch

Rana bergeri
Echte Frösche *Ranidae*

> ♂ 4–7 cm, ♀ 5–8 cm
> Wasserfrösche
> Fersenhöcker groß, halbkreisförmig; Oberschenkel-Hinterseite kräftig gelb; nur Italien, Korsika

Merkmale Kleiner Wasserfrosch, ähnelt *Rana lessonae* (siehe S. 102), aber mit längeren Hinterbeinen. Oberseite grün bis bräunlich, mit runden, schwarzen Flecken und oft hellgrünem Mittelstreifen. Unterseite weißlich, grau gefleckt. Hinterseite der Oberschenkel kräftig gelb bis orange, braun marmoriert. Männchen mit paarigen, weißen Schallblasen. Fersenhöcker groß, halbkreisförmig gewölbt.
Lebensraum In Italien südlich der Poebene, auf Korsika eingeschleppt. Im offenen Flachland und Mittelgebirge, an und in kleineren vegetationsreichen Standgewässern, z. B. Teichen und Gräben.
Wissenswertes Siehe andere Wasserfrösche (S. 102–111).
Weitere Arten In den Abruzzen leben bis zu 11 cm lange Exemplare mit dunkel geflecktem Bauch, deren systematischer Status noch unklar ist. Eine hybridogenetische Bastardform (siehe Teichfrosch S. 104) zwischen *Rana bergeri* und dem nicht in Italien vorkommenden Seefrosch ist der **Italienische Hybridfrosch** (*Rana hispanica* bzw. *Rana* kl. *hispanica*, Verbreitung in Blau schraffiert).

Nordamerik. Ochsenfrosch

Rana catesbeiana
Echte Frösche *Ranidae*

> 10–20 cm
> Ochsenfrösche
> Sehr groß; keine Rückendrüsenleisten; großes Trommelfell mit 1- bis 2-fachem Augendurchmesser

Merkmale Großer massiger Frosch; maximal 0,5 kg Gewicht. Oberseite olivgrün bis braun mit schwarzen Flecken, ohne helle Mittellinie und Rückendrüsenleisten. Unterseite weiß, grau gefleckt. Männchen mit kehlständiger Schallblase. Trommelfell groß, beim Männchen mit doppeltem, beim Weibchen mit 1- bis 1,5fachem Augendurchmesser. Kräftige Schwimmhäute zwischen Zehen.
Lebensraum Ursprünglich im Osten Nordamerikas (bis zu den Rocky Mountains), heute weit verschleppt, u. a. nach Brasilien und Europa (Oberrheinebene, Italien, Frankreich). In größeren stehenden und langsam fließenden Gewässern mit sonnenexponierten Bereichen. Überwinterung im Wasser.
Wissenswertes Tag- und nachtaktiv, stark wassergebunden. Fortpflanzung im Mai und Juni, legt bis zu 20 000 Eier. Konkurrent für einheimische Arten. Riesige Kaulquappen, die 10–17 cm Länge erreichen, bevor sie sich zu 6–7 cm langen Fröschen umwandeln.
Verwechslungsarten Europäische Wasserfrösche mit kleinerem Trommelfell.

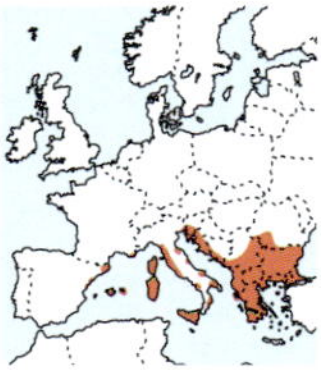

Griechische Landschildkröte

Testudo hermanni

Landschildkröten *Testudinidae*

> ♂ 20–31 cm, ♀ 20–36 cm
> Landschildkröten
> Schwanzspitze mit Hornnagel; Oberschenkelaußenseite ohne Sporn; Schwanzschild meist geteilt

Merkmale Die Panzerlänge ausgewachsener Tiere liegt in der Regel unter 25 cm (♂) bzw. 30 cm (♀). Hoch gewölbter, bei Terrarientieren manchmal „höckerig" wirkender Rückenpanzer mit ovalem Umriss. Finger und Zehen mit kräftigen, frei stehenden Krallen, miteinander zu einem „Klumpfuß" verwachsen. Kopf und Gliedmaßen olivgelb. Rückenpanzer gelblich, bräunlich oder orange- bis grünlich gelb, mit dunkelbraunen bis schwarzen Flecken, v. a. an den vorderen und seitlichen Nähten der einzelnen Schilder (Hinternaht meist hell), an den Randschildern diagonal verlaufend. Bauchpanzer gelb mit dunklen Flecken, bei der westlichen Unterart in Form von 2 mehr oder weniger zusammenhängenden, parallel verlaufenden Längsbändern, bei der östlichen (*T. h. boettgeri*) unregelmäßig angeordnet oder fehlend. Äußerlich ähnlich der Maurischen Landschildkröte (siehe S. 116), aber Wirbelschilder in der Mitte des Panzers schmaler, Schwanzspitze mit kräftigem Hornfortsatz (Hornnagel) und Außenseite der Oberschenkel ohne auffallend vergrößerte Höckerschuppe (Sporn). Schwanzschild in der Regel geteilt, seltener auch ungeteilt (kein eindeutiges Unterscheidungsmerkmal). Hintere Randschilder nicht vergrößert und auffallend nach außen gebogen. Männchen mit konkav eingedelltem Bauchpanzer und längerem, an der Basis verdicktem Schwanz.

Lebensraum Weite Teile des Balkans und Italiens inklusive einiger Mittelmeerinseln sowie isoliert in Nordostspanien und Südfrankreich. In sonnigen, warmen, aber nicht zu trockenen Lebensräumen bis etwa 1500 m, häufig in lichten Laubmischwäldern und Buschlandschaften, auf Wiesen mit Schattenplätzen oder an steinigen, vegetationsreichen Hängen.

Wissenswertes Tagaktive, Sonne liebende Art. Überwinterung etwa von Oktober bis März im Boden vergraben. Zur Fortpflanzungszeit im Frühjahr (z. T. auch im Herbst) heftige, durch Rammstöße der Männchen weithin hörbare Kämpfe und geräuschvolle Paarungen mit eigenartigen, piepsenden Lauten. Eiablage von Mai bis Juli an sonnenexponierten Hängen, Gelegegröße etwa 5–10 Eier. Die Tiere erreichen im Terrarium ein Alter über 50 Jahren. Siehe auch Breitrandschildkröte (S. 118).

Unterarten Die Unterart *T. h. hermanni* bewohnt den westlichen Teil des Artareals (Spanien, Südfrankreich und Italien, einschließlich der großen Inseln). Sie erreicht maximale Längen von 20–25 cm und besitzt eine intensive gelbschwarze Panzerzeichnung sowie gelbe Wangenflecken. Dagegen ist die im südöstlichen Mittelmeerraum (Balkan) verbreitete *T. h. boettgeri* meist dunkler, bräunlich oliv gefärbt und erreicht in Ausnahmefällen auch Panzerlängen von über 30 cm. Die Unterartgliederung ist im Moment in der Diskussion, manche Autoren trennen die entlang der nordwestlichen Adriaküste lebenden Populationen als weitere Unterart *T. h. hercegovinensis* (z. T. sogar als Art) ab.

Verwechslungsarten Breitrandschildkröte und Maurische Landschildkröte ohne Hornnagel am Schwanzende.

Jungtier

Ansicht von hinten mit charakteristischem Schwanznagel und geteiltem Schwanzschild

Maurische Landschildkröte

Testudo graeca
Landschildkröten *Testudinidae*

- ♂ 15–25 cm, ♀ 20–36 cm
- Landschildkröten
- Schwanzspitze ohne Hornnagel; Oberschenkelaußenseite mit Sporn; Schwanzschild meist ungeteilt

Merkmale Die durchschnittliche Länge des hochgewölbten, oval geformten Panzers ausgewachsener Tiere liegt in der Regel deutlich unter den angegebenen Höchstmaßen. Ähnelt der Griechischen Landschildkröte (siehe S. 114), mit der sie – auch wegen des wissenschaftlichen Namens – oft verwechselt wird. Wirbelschilder allerdings breiter, Beschuppung der Vorderbeine gröber, meist in Form von 4 Reihen kräftiger Armschuppen. Schwanzspitze ohne Hornnagel, an der Außenseite der Oberschenkel auffällig vergrößerte Sporne. Schwanzschild in der Regel ungeteilt, selten auch geteilt. Grundfärbung des Rückenpanzers variabel gelb, bräunlich oliv oder ockerfarben. Westliche Unterart relativ hell mit fehlendem oder geringem Schwarzanteil an den Nähten und im Zentrum der einzelnen Schilder, bei der östlichen Unterart *T. g. ibera* dagegen mit kräftiger Pigmentierung vor allem in deren Vorderbereich. Bauchpanzer mit verwaschenen dunklen Flecken oder einheitlich gelb. Männchen mit konkav eingedelltem Bauchpanzer und längerem, kräftigerem Schwanz. Hinterer Teil des

Rückenpanzers bei großen Exemplaren nach außen gebogen.

Lebensraum In Europa in 2 Unterarten auf der südöstlichen Balkanhalbinsel in Höhen bis etwa 1300 m sowie im westlichen Mittelmeerraum zerstreut in Küstennähe bis maximal 800 m verbreitet. Außerdem verschleppt oder ausgesetzt an verschiedenen Plätzen Europas. In trockenen, halboffenen oder gering bewaldeten Lebensräumen mit Sonnen- und Schattenplätzen, auch auf Feldern und in Gärten.

Wissenswertes Paarungszeit im Frühjahr mit geräuschvoller Balz (siehe Griechische Landschildkröte, S. 114, und Breitrandschildkröte, S. 118). Eiablage im Frühsommer an sonnenexponierten Stellen, wobei pro Jahr 1–2 Gelege mit jeweils 4–8 Eiern in Eikammern im Erdboden abgesetzt werden. Das Höchstalter beträgt etwa 100 Jahre.

Unterarten Die westliche der beiden europäischen Unterarten (die z. T. sogar als eigene Arten bezeichnet werden), *T. g. graeca*, besitzt in der Regel einen weniger als 20 cm langen, leuchtend gelben bis ockerfarbenen Rückenpanzer mit kontrastreicher Zeichnung. Sie kommt in kleinen Populationen im Süden

Ausgewachsene Tiere haben oft etwas nach außen gebogene hintere Randschilder.

Spaniens und auf den Balearen vor. Die östliche Unterart *T. graeca ibera* dagegen ist von Griechenland, Bulgarien und Rumänien ostwärts bis zum Kaukasus verbreitet (der Unterartname *ibera* bezieht sich auf das kaukasische Iberien und nicht auf die Iberische Halbinsel). Sie ist generell dunkler und mit Längen von 20–30 cm im Durchschnitt auch größer. Weitere Unterarten sind aus Afrika und dem westlichen Asien beschrieben.

Verwechslungsarten Griechische Landschildkröte mit Hornnagel am Schwanzende, Breitrandschildkröte ohne Oberschenkelsporne.

Ansicht mit ungeteiltem Schwanzschild und Schwanz ohne Nagel

Breitrandschildkröte

Testudo marginata
Landschildkröten *Testudinidae*

> 20–40 cm
> Landschildkröten
> Schwanz ohne Nagel; keine Schenkelsporne; hintere Randschilder aufgebogen

Merkmale Größte europäische Landschildkröte. Lang gestreckter, hochgewölbter Panzer mit „taillierter", von oben betrachtet leicht in der Körpermitte eingeschnürter Form. Besonders ältere Exemplare mit vergrößerten hinteren Randschildern, die wie eine Hutkrempe seitlich nach außen abstehen. Panzerhinterrand meist deutlich gesägt, außer bei sardischen Tieren. Schwanzspitze ohne Endnagel, in der Regel mit ungeteiltem Schwanzschild und ohne deutlichen Sporn an der Außenseite der Oberschenkel (kleine Höckerschuppen können aber auftreten). Rückenpanzer insgesamt meist dunkelbraun bis schwarz mit Ausnahme der hinteren Bereiche der Randschilder und der gelblichen bis orangefarbenen Zentren der Wirbel- und Rippenschilder. Helle Flächen werden mit zunehmender Größe dunkler, so dass alte Exemplare oft fast einfarbig schwarz sind. Bauchpanzer beige bis gelblich mit einer dunklen, „wimpelförmigen" Zeichnung. Männchen mit längerem, kräftigerem Schwanz, konkav eingedelltem Bauchpanzer und stärker aufgebogenen Randschildern.

Lebensraum Kleines Verbreitungsgebiet im südlichen Griechenland (südlich des Olymp), vor allem auf dem Peloponnes und einigen benachbarten Inseln (z. B. Skyros). Auf Sardinien schon vor langer Zeit vom Menschen eingeschleppt (v. a. im Nordosten), außerdem wohl in einigen Gebieten in Italien eingeführt (Westküste, östliche Poebene). Im Hügel- und Bergland auf Meereshöhen bis 1600 m, vor allem in Laubmischwäldern, Olivenhainen, an steinigen Hängen oder in Macchia-ähnlichen Lebensräumen mit Gebüschen und Sträuchern vorkommend.
Wissenswertes Wie alle europäischen Landschildkröten tagaktiv und überwiegend vegetarisch lebend; gelegentlich wird aber auch tierische Kost angenommen, z. B. Nacktschnecken, Regenwürmer, Aas oder selbst Exkremente. Langsame, bedächtige Fortbewegung, bei Gefahr ziehen sich die Tiere in ihren Panzer zurück und schließen mit den kräftig beschuppten Vorderbeinen die Öffnung nach außen ab. Gelegegröße 3–10 Eier. Siehe auch Griechische und Maurische Landschildkröte (S. 114–117).
Verwechslungsarten Griechische Landschildkröte mit Hornnagel am Schwanzende, Maurische Landschildkröte mit deutlichen Oberschenkelspornen.
Weitere Arten Die systematische Einordnung der ausschließlich auf dem südlichen Peloponnes im Taygetos-Gebirge verbreiteten **Taygetos-Breitrandschildkröte** (*T. weissingeri*, Verbreitung in Blau) ist noch umstritten. Die Rückenzeichnung dieser „Form", die oft auch als Unterart *T. marginata weissingeri* betrachtet wird, ist verschwommen und matt, ihre Eier sind nicht kugelförmig, sondern länglich oval und die ausgewachsenen Tiere erreichen mit maximal 22–25 cm geringere Panzerlängen.

Ausgewachsene Breitrandschildkröte im natürlichen Lebensraum

Taygetos-Breitrandschildkröte

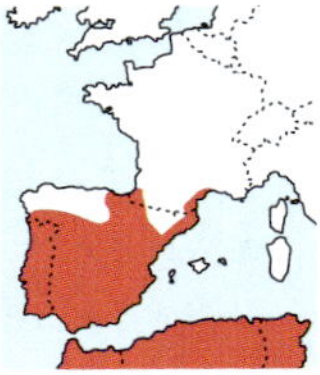

Maurische Bachschildkröte

Mauremys leprosa
Altweltliche Sumpfschildkröten *Bataguridae*

> 13–23 cm
> Bachschildkröten
> Gelbe, gleich breite Halsstreifen; Oberkieferkante glatt; Rücken- und Bauchpanzer starr verbunden

Merkmale Ähnlich der Balkan-Bachschildkröte (siehe S. 122), aber generell etwas massiger und blasser gefärbt, mit kräftiger gebautem Kopf und glatten (nicht gezähnelten) Oberkieferschneiden. Helle, gleichmäßig ausgeprägte, gelbe bis schwach rötliche Längsstreifenzeichnung am Hals; im Gegensatz zur Balkan-Bachschildkröte sind die seitlichen Halsstreifen gleich breit wie der zentrale mittlere Streifen. Gliedmaßen dunkeloliv mit gelben oder orangefarbenen Längsstreifen. Rücken- und Bauchpanzer durch eine Knochenbrücke starr miteinander verbunden. Flacher, lang gestreckter, teilweise durch eine buckelige Aufwölbung einzelner Schilder gekennzeichneter Rückenpanzer, der bei Jungtieren über die gesamte Länge einen deutlichen Mittelkiel und schwach ausgeprägte, meist unterbrochene Seitenkiele aufweist. Bei ausgewachsenen Exemplaren ist zumindest die hintere Panzerhälfte in der Mitte gekielt. Grundfärbung der Oberseite hell- bis olivbraun, Rippen- und Randschilder in der Mitte jeweils mit orangefarbenen, schwarz gerandeten Augenflecken

(v. a. bei Jungtieren ausgeprägt). Bauchpanzer gelblich bis hellbraun; bei kleinen Exemplaren oft mit dunklen Flecken, bei sehr alten Tieren auch überwiegend schwarz gefärbt.

Lebensraum Auf der Iberischen Halbinsel sowie in drei Gebieten im Südwesten Frankreichs (Westpyrenäen, Banyuls, Hérault); außerdem in Nordwestafrika. Vor allem im Tiefland in größeren vegetationsreichen, warmen, langsam fließenden oder stehenden Gewässern wie Seen oder Stillwasserzonen von Flüssen und Bächen, aber auch in kleinsten temporären Wasseransammlungen und selbst in verschmutzten oder brackigen Gewässern (z. B. Flussmündungen). Höhenverbreitung in Europa bis maximal 1100 m, in Afrika bis fast 2000 m. In der Regel mit kurzer Winterruhe im Bodenschlamm der Gewässer.

Wissenswertes Tagaktive, sich häufig am Ufer sonnende Art mit z. T. hoher Fluchtdistanz. Bei Gefahr lassen sich die Tiere ins Wasser fallen und verstecken sich im Bodengrund. Beim Ergreifen wird aus Analdrüsen ein stark nach Moschus riechendes Sekret abgegeben. Nahrungsopportunisten, die unterschiedliche vegetarische und animalische Kost zu sich nehmen, z. B. Wasserpflanzen, Algen, Wasserinsekten, Schnecken, Kaulquappen oder tote Fische. Paarungszeit im Frühjahr etwa ab März, Eiablagen finden von Mai bis August statt, meist zweimal im Jahr im Abstand von einem Monat. Die Gelegegröße schwankt zwischen 4 und 13 Eiern, die Jungen schlüpfen nach 3 Monaten.

Verwechslungsarten Europäische Sumpfschildkröte mit Punktmuster, aber ohne Längsstreifung am Hals. Verwandte Balkan-Bachschildkröte mit seitlichen Halsstreifen, die schmäler sind als der obere Mittelstreifen.

Jungtier mit deutlichen Rückenkielen

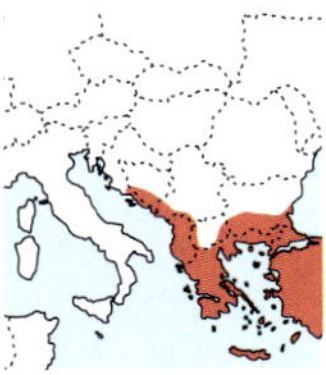

Balkan-Bachschildkröte

Mauremys rivulata
Altweltliche Sumpfschildkröten *Bataguridae*

> 12–21 cm
> Bachschildkröten
> Halsstreifen in der Mitte breiter als seitlich; Oberkiefer gezähnelt; Panzerteile starr verbunden

Merkmale Ähnlich der Maurischen Bachschildkröte (siehe S. 120), aber schlanker und mit kleinerem Kopf. Oberkiefer fein gezähnelt. Gebliche, bis in die Wangenregion reichende Halsstreifenzeichnung (bei der eng verwandten *M. caspica* bis zur Schnauze reichend), wobei der zentral liegende, obere Mittelstreifen immer schmaler ist als die seitlichen Halsstreifen. Gliedmaßen dunkeloliv mit mehr oder weniger deutlichem Streifenmuster. Rücken- und Bauchpanzer starr durch eine Knochenbrücke miteinander verbunden. Flacher oder wenig gewölbter, lang gestreckter Rückenpanzer mit relativ einheitlicher, hell-, dunkel- oder olivbrauner Grundfärbung, die je nach Lebensraum (mineralische Einflüsse wie Schwefelablagerungen, Eisenoxide) stark variieren kann. Jungtiere sehr dunkel mit unregelmäßiger heller Netzzeichnung, die bei älteren Exemplaren nach und nach verschwindet. Randschilder an der Oberseite mit undeutlicher, bräunlicher, augenfleckähnlicher Zeichnung, im Bereich der Knochenbrücke (Verbindung zwischen Bauch- und

Rückenpanzer) einfarbig schwarz. Bauchpanzer dunkel, mit Ausnahme der teilweise hellen Nähte.

Lebensraum In warmen mediterranen Gebieten auf der südlichen Balkanhalbinsel (inklusive vieler Ägäisinseln) und im angrenzenden Kleinasien bis nach Israel, in der Regel nicht über 500 m Höhe. Vor allem in vegetationsreichen, langsam fließenden oder stehenden Gewässern in Küstennähe, z. B. in Bächen, Flüssen, Süßwasserlagunen oder Tümpeln mit schlammigem Untergrund. Auch in verschmutzten Gewässern oder im Brackwasser im Mündungsbereich von Flüssen.

Wissenswertes Galt bis vor kurzem noch als Unterart der weiter östlich verbreiteten Kaspischen Bachschildkröte (*Mauremys caspica*). Sonne liebende, tagaktive Art, die sich bei Austrocknung des Gewässers in den Bodengrund eingräbt. Hohe Fluchtdistanz, die Tiere stürzen bei Annäherung sofort ins Wasser und vergraben sich im Schlamm. Beim Ergreifen entleeren sie zur Abschreckung ihre Analsäcke, wodurch ein moschusartiger Geruch frei wird. Die Nahrung besteht saisonabhängig aus

Ausgewachsenes Exemplar beim Sonnenbad am Uferrand

unterschiedlicher vegetarischer und tierischer Kost, z. B. Wasserpflanzen, Algen, Blüten oder Früchte, aber auch Wasserinsekten, Schnecken und Würmer. Paarungszeit im Frühjahr, Eiablagen in der Regel im Juni und Juli; vor allem in südlichen Regionen treten auch 2 Ablageperioden auf. Die Gelegegröße beträgt 4–10 Eier, aus denen nach 3–4 Monaten die Jungen schlüpfen.

Verwechslungsarten Europäische Sumpfschildkröte ohne Streifen am Hals, Maurische Bachschildkröte mit gleichmäßig breiter Streifenzeichnung am Hals (oberer Mittelstreifen gleich breit wie die seitlichen Streifen).

Frisch geschlüpftes Jungtier

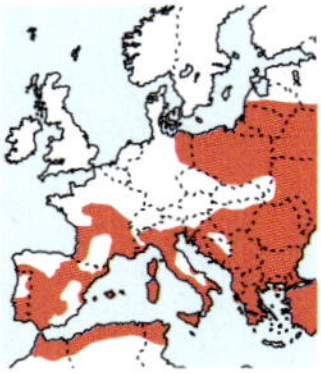

Europäische Sumpfschildkröte

Emys orbicularis

Neuweltliche Sumpfschildkröten *Emydidae*

> 10–23 cm
> Sumpfschildkröten
> Hals ohne Längsstreifen, mit gelben Punkten; Rücken- und Bauchpanzer beweglich verbunden

Merkmale Kleine bis mittelgroße Sumpfschildkröte mit stark variierender Größe, im Mittelmeerraum meist zwischen 12 und 16 cm lang, in Mittel- und Osteuropa im Durchschnitt etwas größer. Je nach Umweltbedingungen oder Verbreitungsgebiet treten aber auch Populationen mit sehr kleinwüchsigen, nur 10–12 cm langen Exemplaren auf, z. B. auf dem Peloponnes oder an der dalmatinischen Küste. Kopf und Hals dunkelbraun mit variablem gelben Punkte- oder Fleckenmuster, das bei Weibchen meist stärker ausgeprägt ist und bei älteren Männchen auch vollständig verschwinden kann; niemals aber treten Längsstreifen wie bei den Bachschildkröten auf. Panzerform oval und abgeflacht („kahnförmig") bis mäßig gewölbt. Rücken- und Bauchpanzer im Gegensatz zu den Bachschildkröten durch knorpelige Nähte an der „Brücke" beweglich miteinander verbunden. Ältere Exemplare mit einem zusätzlichen Querscharnier im Bauchpanzer, durch den der vordere Abschnitt ebenfalls beweglich ist. Rückenpanzer dunkelbraun bis schwarz, je nach Unterart mit einer variablen Zeichnung aus gelben bis weißlichen Punkten und Strichen, die oft strahlenförmig angeordnet sind. Helle Farbanteile verlieren sich mit zunehmendem Alter, ausgewachsene Exemplare sind meist sehr dunkel gefärbt. Bauchpanzer gelb mit altersbedingt variablem, aber für jede Unterart charakteristischem Muster aus schwarzen Flecken, z. B. besitzt *E. o. orbicularis* einen mehr oder weniger einheitlich schwarzen, *E. o. fritzjuergenobsti* dagegen einen fast vollständig gelben Bauchpanzer. Zehen mit kräftigen, durch Schwimmhäute miteinander verbundenen Krallen. Schwanz relativ lang. Männchen meist kleiner als Weibchen, mit konkav eingedelltem Bauchpanzer und kräftigerem Schwanzansatz.

Lebensraum Mit mehreren Unterarten in Süd-, Mittel- und Osteuropa verbreitet, außerdem in Nordwestafrika und Teilen Westasiens; die östliche Verbreitungsgrenze liegt am Aralsee. Die Sumpfschildkröte besiedelt eines der größten Areale der etwa 300 bekannten Schildkrötenarten und ist der einzige „altweltliche“ Vertreter einer ansonsten in der Neuen Welt (Amerika) verbreiteten Familie. Die Höhenverbreitung erreicht in Spanien etwas über 1000 m, doch be-

Griechisches Exemplar der Sumpfschildkröte (E. o. hellenica)

Exemplar mit der charakteristischen gelben Punkt- und Strichzeichnung

Portrait

finden sich die meisten Vorkommen unterhalb 400 m. In Deutschland sehr selten, die meisten autochthonen (heimischen) Populationen sind dort schon vor langer Zeit ausgestorben. Viele mitteleuropäische Vorkommen sind auf ausgesetzte Exemplare zurückzuführen, die aus dem Mittelmeerraum oder Osteuropa (z. B. Ungarn) eingeführt wurden. Reliktartige autochthone Vorkommen in Deutschland befinden sich nur noch in Hessen sowie in Mecklenburg und Brandenburg, wo auch die einzigen sich fortpflanzenden deutschen Populationen leben. In größeren, verkrauteten, stehenden Gewässern wie Teichen, Seen oder Auengewässern mit vegetationsreichen Uferzonen sowie nahe gelegenen Sonnen- und Eiablageplätzen. Außerdem in Bewässerungsgräben, seltener (v. a. in Südeuropa) auch in Flüssen oder Bächen, manchmal sogar im Brackwasser. Überwinterung im Bodenschlamm der Gewässer.

Wissenswertes Tagaktive, Sonne liebende Art mit hoher Fluchtdistanz und versteckter Lebensweise. Beim Ergreifen wird ein nach Moschus riechendes Sekret abgegeben. In Mitteleuropa von März bis November aktiv. Die Nahrung besteht vor allem aus ins Wasser gefallenen Insekten, Kleinkrebsen, Wasserinsekten und deren Larven, Wasserschnecken, kranken Fischen und Aas sowie Amphibien und deren Larven. Jungtiere fressen auch pflanzliche Kost. Paarung im zeitigen Frühjahr von März bis Mai. Die Begattung, bei der das Männchen den Rücken des Weibchens mit seinen Extremitäten umklammert, dauert mehrere Minuten. Die Eiablageplätze befinden sich nicht selten weit vom Gewässer entfernt. Das Weibchen legt von Mai bis Juni (ein- bis zweimal pro Jahr) ein Gelege aus 5–20 hartschaligen Eiern in selbst gegrabene Erdgruben. Die Jungtiere schlüpfen, je nach Außentemperatur, nach etwa 2 Monaten. Ihr Geschlecht wird v. a. durch die Bruttemperatur bestimmt, so schlüpfen bei 28°C ausschließlich männliche, bei 30°C dagegen weibliche Tiere. Die Geschlechtsreife ist nach 5–10 Jahren erreicht, die Tiere besitzen eine hohe Lebenserwartung von bis zu 70 Jahren.

Unterarten Im Moment sind 13 in 6 Gruppen unterteilte Unterarten anerkannt, deren Verbreitung und systematische Zuordnung aber noch nicht endgültig geklärt ist. Die *orbicularis*-Gruppe besteht aus *E. o. orbicularis* (v. a. Mittel- und Osteuropa), *E. o. colchica* (Südostbalkan) und *E. o. eiselti* (Anatolien); die *hellenica*-Gruppe aus *E. o. hellenica* (Balkan, Krim); die *iberica*-Gruppe aus *E. o. iberica* und *E. o.*

persica (beide Westasien); die *occidentalis*-Gruppe aus *E. o. occidentalis* (Nordafrika), *E. o. hispanica* und *E. o. fritzjuergenobsti* (beide Spanien); die *galloitalica*-Gruppe aus den sehr eng verwandten, z. T. umstrittenen Unterarten *E. o. galloitalica* (Südfrankreich, Italien), *E. o. lanzai* (Korsika) und *E. o. capolongoi* (Sardinien); die *luteofusca*-Gruppe aus *E. o. luteofusca* (Zentralanatolien).

Verwechslungsarten Maurische Bachschildkröte und Balkan-Bachschildkröte mit deutlicher Streifenzeichnung am Hals.

Weitere Arten Die durch ihren orangeroten Schläfenfleck leicht zu erkennende, 20–30 cm (Weibchen) lange **Rotwangenschmuckschildkröte** (*Trachemys scripta elegans*) kommt ursprünglich aus Nordamerika. Sie ist mittlerweile in vielen Ländern Europas eingeschleppt und pflanzt sich z. B. in Spanien problemlos fort. In Deutschland lebt sie in größeren Teichen, Seen oder langsam strömenden Flüssen.

Rotwangenschmuckschildkröte mit dem typischen Schläfenfleck

Sumpfschildkröten aus der dalmatinischen Küstenregion sind oft relativ kleinwüchsig.

Unechte Karettschildkröte

Caretta caretta
Meeresschildkröten *Cheloniidae*

> 80–130 cm
> Unechte Karettschildkröten
> Rückenpanzer mit 5 Paar Rippenschildern; marine Lebensweise; paddelähnliche Flossen mit 2 Krallen

Merkmale Große Meeresschildkröte mit einer durchschnittlichen Panzerlänge von 80–100 cm (Gewicht meist 100–150 kg). Ovaler, rotbrauner Rückenpanzer mit 5 Paar Rippenschildern, oft mit aufsitzenden Seepocken. Bauchpanzer gelblich. Jungtiere dunkel gestreift; Rückenpanzer sägeartig durch gekielte Wirbelschilder. Flache, paddelähnliche Flossen mit jeweils 2 Krallen.
Lebensraum Frei schwimmend in allen Weltmeeren. Eiablage an Sandstränden der Tropen, Subtropen und gemäßigten Zonen.

Wissenswertes Selten und stark gefährdet. Nahrung aus Quallen, Krabben und Weichtieren.
Weitere Arten Einzige weitere in Europa (Zypern) nistende Meeresschildkröte ist die **Suppenschildkröte** (*Chelonia mydas*) mit nur 4 Paar Rippenschildern. Als seltener Irrgast im Mittelmeer sowie in Nord- und Ostsee tritt die von einer lederartigen Hautschwarte umgebene, 1,5–2 m lange (max. 290 cm und 870 kg Gewicht) **Lederschildkröte** auf (*Dermochelys coriacea*, Familie Dermochelyidae).

Hardun

Laudakia stellio

Agamen *Agamidae*

> 20–35 cm
> Wirtelschwanz-Agamen
> Kopf ohne Schilder, mit kleinen Schuppen; stachelige Körperbeschuppung; Schwanz mit Wirteln

Merkmale Mittelgroße, robuste Echse; Körperlänge 10–15 cm, Schwanzlänge variabel (oft stummelförmig regeneriert). Kopf klein beschuppt, ohne große Schilder. Oberseite mit Stachelschuppen (v. a. Nacken und Gliedmaßen), an Rücken und Flanken in Querreihen. Schwanz in stachelige, von je 2 Schuppenreihen gebildete Wirtel gegliedert. Färbung oberseits grauschwarz, dunkelbraun oder gelblich braun mit undeutlichen gelblichen Querbändern oder rautenförmigen Flecken entlang der Rückenmitte. Dominante Männchen mit prächtig blauen, orangeroten oder gelben Farbtönen und „Kopfnicken“ als Drohverhalten.

Lebensraum In Nordgriechenland (um Thessaloniki), auf einigen Ägäischen Inseln (z. B. Naxos, Mykonos, Lesbos, Rhodos) sowie eingeführt auf Malta und Korfu. In trockenen, offenen Lebensräumen, z. B. Ruinen oder Felsen.

Wissenswertes Tagaktive, Sonne liebende, v. a. bodenbewohnende Art, die auch gerne auf Bäumen klettert und bei Gefahr in Spalten flüchtet. Legt etwa 10 Eier, Schlupf nach 2–4 Monaten.

Europäisches Chamäleon

Chamaeleo chamaeleon
Chamäleons *Chamaeleonidae*

> 20–30 cm
> Chamäleons
> Körper seitlich abgeflacht; Augen hervorstehend, beweglich, mit ringförmigem Lid; „Greifzangen“

Merkmale Unverkennbar durch den seitlich stark abgeflachten Körper mit niedrigem Rückenkamm und markantem Kopfhelm sowie einen etwa 10–12 cm langen Greifschwanz. Finger und Zehen teilweise miteinander verwachsen und zu „Greifzangen“ umgebildet. Weit hervorstehende, durch beschuppte, ringförmige Augenlider geschützte und unabhängig voneinander bewegliche Augen. Ausgeprägtes, sehr schnelles, stimmungsabhängiges Farbwechselvermögen. Variable Rückenfärbung und -zeichnung, meist tarnfarben oliv- bis hellgrün, braun oder grau, seitlich mit je 2 weißen Längsbändern und unregelmäßig geformten schwarzen Flecken. Bei Erregung kontrastreicher, nachts blasser gezeichnet.

Lebensraum Großes Verbreitungsgebiet, von Marokko über Teile Nordafrikas (entlang der gesamten Mittelmeerküste) bis nach Kleinasien und Vorderindien. Innerhalb Europas nur wenige isolierte Vorkommen im Süden der Iberischen Halbinsel (portugiesische Provinz Faro und die spanischen Provinzen Huelva, Cádiz, Málaga, Granada und Almería) sowie auf Malta, Kreta, Chios und Samos (aber nicht auf Sizilien und dem Peloponnes, wie vielfach beschrieben). Die meisten Vorkommen in Portugal und Spanien sowie jene auf Malta und Kreta beruhen vermutlich auf Einschleppung durch den Menschen in historischer Zeit. In Europa vor allem in vegetationsreichen Küstengebieten, in der spanischen Provinz Málaga aber bis 900 m Höhe und außerhalb Europas sogar bis 2600 m. Meist Busch und Baum bewohnend, in lichten Akazien- und Tamariskenwäldern oder auf Ginsterbüschen, in manchen Gegenden Nordafrikas auch am Boden lebend. Auf der Iberischen Halbinsel teilweise auch in Pinienwäldern oder als Kulturfolger in der Nähe von Siedlungen, z. B. in Pflanzungen, Olivenhainen und Eukalyptusplantagen vorkommend.

Wissenswertes Bedächtig im dünnen Geäst kletternder Lauerjäger, der mit seiner fast körperlangen, am Vorderende kolbenartig verdickten Schleuderzunge Insekten und Spinnen „abschießt". Vor dem Fang wird die Beute genau taxiert, dann die Zunge blitzschnell aus dem halb geöffneten Maul geklappt und das Insekt mit der klebrigen Spitze „becherförmig" umschlungen. Bei Gefahr blähen sich die Tiere auf und drohen mit geöffnetem Maul. Paarung im August und September, das Weibchen legt 20–30 Eier in kleine, selbst gegrabene Erdgruben. Nach 8–9 Monaten schlüpfen die Jungen.

Weitere Arten Die auf dem südlichen Peloponnes (Griechenland) lebenden Chamäleonpopulationen wurden erst vor kurzem als **Afrikanisches Chamäleon** (*Chamaeleo africanus*, Verbreitung in Blau) identifiziert. Die Tiere, die dort wohl bereits in der Antike eingeführt wurden, galten bisher als Europäische Chamäleons. Der afrikanische Verwandte unterscheidet sich z. B. durch seine größere Länge (bis zu 46 cm) und einen kleinen Dorn an den Hinterbeinen.

Jungtier

Afrikanisches Chamäleon vom Peleponnes

Mauergecko

Tarentola mauritanica
Geckos *Gekkonidae*

> 12–15 cm
> Mauergeckos
> Senkrechte Pupillenschlitze; Haftscheiben vollständig, ungeteilt; mittlere Zehen mit Krallen

Merkmale Größter europäischer Gecko mit großem, abgeflachtem Kopf und kräftigem Rumpf. Der Schwanz erreicht annähernd Körperlänge. Große, hervorstehende Augen mit senkrecht schlitzförmiger Pupille und zu einer durchsichtigen „Brille" verwachsenen Lidern. Rücken mit mehreren Reihen großer, gekielter Höckerschuppen, die ein „stacheliges" Aussehen bewirken; Schwanz abgeplattet, mit in Wirtel gegliederten dornigen Endschuppen. Oberseite grau oder bräunlich mit dunklen, verwaschenen Querbinden, vor allem am Schwanz und bei Jungtieren ausgeprägt. Regenerierte Schwänze sind einfarbig und haben keine „Dornenschuppen". Bauch gelblich. Entlang der Finger- und Zehenunterseiten große, ovale, aus 12, nicht in der Mitte geteilten, Lamellen bestehende Haftscheiben. Nur an den 3. und 4. Fingern bzw. Zehen befinden sich sichtbare Krallen. Das erstaunliche Haftvermögen der Mauergeckos beruht auf physikalischen Kräften, molekularen Wechselwirkungen zwischen dem Substrat und den mikroskopisch kleinen, haarähnlichen Borsten auf

der Lamellenunterseite; aus diesem Grund haften selbst die Finger und Zehen toter Geckos noch.
Lebensraum In Küstengebieten rings um das Mittelmeer einschließlich Afrika und der meisten Inseln, außer im Ägäischen Raum. Die Iberische Halbinsel und Italien werden zum Teil auch im Inland besiedelt. Außerdem eingeschleppt in verschiedenen anderen Gebieten, z. B. in Montevideo (Uruguay) oder Kalifornien (USA). Vor allem in trockenwarmen, steinigen Lebensräumen des Flach- und Hügellandes, in der spanischen Sierra Nevada ausnahmsweise bis 2350 m. Als Kulturfolger häufig an Häuserwänden, Steinmauern, unter Dächern, in Holzstößen oder Steinhaufen mit Hohlräumen.
Wissenswertes Klettert sehr gut, durch die Haftlamellen selbst an glatten, überhängenden Wänden und Scheiben. Vor allem nachtaktiv, aber auch tagsüber viele Stunden sich sonnend. Die Nahrung besteht v. a. aus Insekten und anderen Gliederfüßern, denen nachts an Lichtquellen aufgelauert wird, seltener auch aus kleinen Eidechsen. Kann

Vorderbein mit ungeteilten Haftlamellen und Krallen am 3. und 4. Finger

bei Gefahr quietschende Laute von sich geben und wie viele andere Echsen den Schwanz abwerfen (Autotomie). In der Fortpflanzungszeit leben die Tiere manchmal für kurze Zeit paarweise. Jeweils 2 Eier werden im Sommer im Boden oder in Felsspalten abgelegt, die Jungen schlüpfen, je nach Temperatur, nach 5–12 Wochen.
Unterarten Vom Mauergecko werden meist 4 Unterarten unterschieden, wovon nur die Nominatform *T. m. mauritanica* in Europa siedelt.
Verwechslungsarten Andere Geckos, siehe Halbfinger (S. 134).

Mauergecko von der Insel Menorca

Europäischer Halbfinger

Hemidactylus turcicus
Geckos *Gekkonidae*

> 8–11 cm
> Halbfingergeckos
> Senkrechte Pupillenschlitze; Haftscheiben unvollständig, in der Mitte geteilt; Zehen mit Krallen

Merkmale Mittelgroßer, schlanker Gecko mit relativ langem Schwanz, der etwa 60% der Gesamtlänge ausmacht. Augen mit senkrecht schlitzförmiger Pupille und Lidern, die zu einer starren, durchsichtigen „Brille" verwachsen sind. Rücken mit 14–16 Reihen großer Höckerschuppen, zwischen denen jeweils viele kleinere Schuppen liegen. Schwanz mit dornigen, in Wirtel gegliederten Endschuppen. Rücken meist relativ schwach pigmentiert und transparent wirkend, fleischfarben, gelblich, rötlich oder bräunlich mit unregelmäßigen dunklen Flecken. Schwanz mit dunklen Querbinden, die vor allem bei Jungtieren sehr kontrastreich sind. Bauch weißlich. Flache, gut entwickelte Haftscheiben an den Finger- und Zehenunterseiten in Form von 2 in der Mitte geteilten Längsreihen von Lamellen, die nicht bis an die Extremitätenspitze reichen (Zehenenden frei, mit kleinen Krallen besetzt). Haftfähigkeit wie beim Mauergecko (siehe S. 132) beschrieben.

Lebensraum Entlang der gesamten europäischen und afrikanischen Mittelmeerküste sowie auf den meisten Mittelmeerinseln; außerdem eingeschleppt auf den Kanarischen Inseln sowie an einigen Stellen in Mittel- und Nordamerika. In trockenwarmen Lebensräumen mit vielen Versteckmöglichkeiten, vor allem in küstennahen Lebensräumen (in Spanien bis maximal 1200 m), z. B. in Blocksteinhalden, an alten Bäumen, Holzstapeln oder Legesteinmauern. Als Kulturfolger häufig auch an Häuserwänden.

Wissenswertes Flinker, gut kletternder Gecko, der hörbare, miauende Rufe abgeben kann. Vor allem nachtaktiv, sehr oft aber auch tagsüber beim Sonnenbaden anzutreffen. Die Nahrung besteht aus kleinen Insekten und Spinnen, denen oft nachts an Lampen aufgelauert wird. Fortpflanzung im Frühsommer, jeweils 2 Eier werden vom Weibchen unter Steinen oder im Erdboden abgelegt.

Unterarten Es werden im Allgemeinen 2 Unterarten unterschieden, in Europa kommt die Nominatform *H. t. turcicus* vor.

Geteilte unvollständige Haftlamellen an der Zehenunterseite

Verwechslungsarten Mauergecko kräftiger gebaut, mit großen, bis ans Ende der Zehen reichenden, ungeteilten Haftscheiben. Blattfinger mit „blattartigen" Haftscheiben nur an den Spitzen der Zehen. Nacktfinger ohne Haftscheiben, mit winkelig nach oben gebogenen Zehen.

Exemplar von der griechischen Insel Naxos

Ägäischer Nacktfinger

Cyrtopodion kotschyi
Geckos *Gekkonidae*

> 9–13 cm
> Nacktfingergeckos
> Senkrechte Pupillenschlitze; Zehen ohne Haftscheiben, winkelig nach oben gebogen; Wirtelschwanz

Merkmale Zartgliedrig mit relativ langem, in „dornige" Wirtel gegliedertem Schwanz (60% der Gesamtlänge). Augen mit senkrecht schlitzförmiger Pupille. Rücken mit Längsreihen von Höckerschuppen. Oberseite gelblich, bräunlich oder dunkelgrau mit schwarzen Querbinden (vor allem am Schwanz und bei Jungtieren ausgeprägt). Bauch weißlich bis bräunlich. Finger und Zehen ohne Haftscheiben, mit winkelig nach oben gebogenen Endgliedern.
Lebensraum Südostitalien und südöstlicher Balkan, vor allem in tiefen Lagen, im Süden bis 1400 m. In Geröllhängen, an Steinmauern, Häusern oder auf alten Bäumen.
Wissenswertes Wird neuerdings auch zur Gattung *Mediodactylus* gestellt. Flink, gut kletternd, aber auch bodenlebend. Tag- und nachtaktiv; sonnt sich gerne. Nahrung aus kleinen Insekten und Spinnen. Legt 2 Eier unter Steinen ab.
Unterarten Mehr als 20 Unterarten wurden von den Ägäischen Inseln, aber auch vom griechischen Festland beschrieben.
Verwechslungsarten Siehe Halbfinger, S. 134.

Europäischer Blattfinger

Euleptes europaea
Geckos *Gekkonidae*

> 6–8 cm
> Blattfingergeckos
> Senkrechte Pupillenschlitze; paarige, herzförmige Haftscheiben an den Zehenenden; Rücken glatt

Merkmale Kleinste europäische Echse. Greiffähiger, am Ansatz verdickter Schwanz (maximal 50% der Gesamtlänge). Pupille senkrecht schlitzförmig. Rücken fein beschuppt, glatt wirkend, ohne Höckerschuppen. Oberseite bräunlich, gelblich oder grau, mit verwaschener Marmorierung aus hellen und dunklen Flecken. Bauch weißlich. Flache, blatt- oder herzförmige Haftscheiben an den Enden der Finger und Zehen.

Lebensraum Kleines Verbreitungsgebiet auf einigen Tyrrhenischen Inseln (z. B. Sardinien, Korsika) und an wenigen Stellen an der italienischen Küste bis maximal 600 m. Bestand stark zurückgehend; v. a. unter Steinen, loser Baumrinde oder im Falllaub, kaum an Häusern vorkommend.

Wissenswertes Zählte bis vor kurzem noch zur Gattung *Phyllodactylus*. Nachtaktiv. Nahrung aus kleinen Insekten, Spinnen und Asseln. Abwehrruf aus piepsenden Tönen. Gelege aus 1–2 Eiern werden, oft von mehreren Tieren gemeinsam, in Felsspalten abgesetzt. Jungtiere schlüpfen mit 3 cm Länge. Maximalalter 20 Jahren.

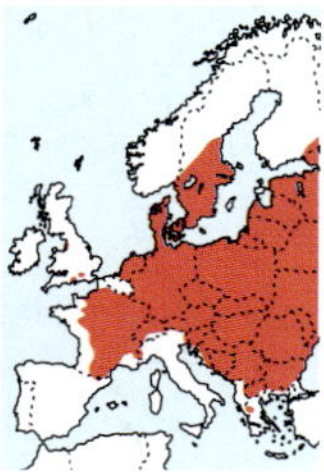

Zauneidechse
Lacerta agilis
Eidechsen *Lacertidae*

> 20–28 cm
> Smaragdeidechsen
> Braune Rückenmitte auf verschmälerter Schuppenreihe; Flanken der ♂ meist grün mit Augenflecken

Merkmale Mittelgroße, gedrungene Eidechse mit kräftigem Kopf und kurzen Beinen. Körperlänge maximal 9–11 cm, Schwanz etwa 1,5 mal so lang. Halsband mit gesägtem Hinterrand. Rückenmitte mit schmalen, länglichen, gekielten Schuppen, die sich von den breiten äußeren Rückenschuppen deutlich unterscheiden. Schwanzschuppen gekielt. Rücken braun bis graubraun mit 3 hellen, teilweise unterbrochenen und oft von zusätzlichen weißen Punkten oder Strichen begleiteten Längsstreifen; dazwischen mehrere Reihen schwarzer Flecken. An den Flanken meist mit weißen, schwarz umrandeten Augenflecken oder mit dunkler Marmorierung. Manche Tiere besitzen auch ein einheitliches rostbraunes Rückenband (erythronotus-Variante) und gelegentlich treten fast einfarbig braune, grüne oder schwarze Exemplare auf (concolor-Variante). Bauch beim Weibchen weißlich oder gelblich, beim Männchen grünlich, meist dunkel gefleckt. Männchen zur Paarungszeit mit leuchtend grünen Flanken und Kehlen, manchmal treten auch blaukehlige oder gänzlich grüne Exemplare auf. Jungtiere braun mit weißen Punkten und 3 hellen, von schwarzen Punkten begleiteten Längsstreifen.

Lebensraum Besitzt neben der Waldeidechse das ausgedehnteste Verbreitungsareal aller europäischen Echsen. In weiten Teilen Mittel- und Osteuropas, von Südengland bis zum Baikalsee, von Südschweden bis nach Nordgriechenland. Vor allem im Flach- und Hügelland flächendeckend verbreitet und relativ häufig, doch vielerorts durch menschliche Einflüsse auch zurückgehend; fehlt in hochalpinen Lagen (bis maximal 2200 m in den spanischen Pyrenäen). In unterschiedlichen Landschaftstypen, vor allem im halboffenen Gelände, z. B. auf Wiesen und Heiden, an Waldrändern oder als Kulturfolger an Bahndämmen, in Gärten, Weinbergen und Steinbrüchen. Im Süden Gebirgsart buschfreier Geröllhalden und Hänge.

Wissenswertes Der früher für alle Halsbandeidechsen gültige Gattungsname *Lacerta* bezieht sich heute ausschließlich auf die Smaragdeidechsen. Tagaktive, Sonne liebende Echse. Fortpflanzung im Frühjahr; die Weibchen verpaaren sich oft mehrfach mit verschiedenen Männchen. Bemerkenswert ist die auch bei anderen Echsen auftretende „kryptische Weibchenwahl". Durch einen noch ungeklärten inneren Mechanismus führen Paarungen mit genetisch eng verwandten Männchen seltener zu

Weibchen mit typischen seitlichen Augenflecken

Nachkommen als statistisch gesehen zu erwarten, d. h., das Sperma „fremder" Männchen kommt vorrangig zum Zuge und so werden mögliche Schäden durch Inzucht vermieden. Etwa 5–15 Eier werden ein- bis zweimal pro Jahr von Mai bis Juli im Erdboden abgelegt; die Jungtiere schlüpfen nach ungefähr 7–10 Wochen.

Unterarten Außer der in West- und Mitteleuropa lebenden Nominatform *L. a. agilis* sind im Moment 8 weitere Unterarten anerkannt, von denen in unserem Gebiet 3 vorkommen: *L. a. argus* im östlichen Mitteleuropa, *L. a. bosnica* im Südwesten der Balkanhalbinsel und *L. a. chersonensis* in Ostpolen, Rumänien und Nordbulgarien. Die spanische Unterart *L. a. garzoni* wird meist nicht anerkannt.

Verwechslungsarten Siehe Östliche Smaragdeidechse, S. 140.

Kopf eines ausgefärbten Männchens

Östliche Smaragdeidechse

Lacerta viridis
Eidechsen *Lacertidae*

> 30–40 cm
> Smaragdeidechsen
> Rücken hellgrün; Kehle der ♂ blau; Jungtiere braun, auch am Kopf; Bauchschilder in 6 Längsreihen

Merkmale Große, schlanke und spitzköpfige Eidechse mit langen Beinen. Körperlänge maximal 10–13 cm, Schwanz etwa doppelt so lang. Die beiden sehr ähnlichen und äußerlich nicht eindeutig zu unterscheidenden Schwesterarten *Lacerta viridis* und *L. bilineata* wurden früher als eine Art betrachtet. Die folgende Beschreibung gilt daher auch für die Westliche Smaragdeidechse. Rücken bei Männchen und vielen Weibchen mehr oder weniger einfarbig grasgrün oder gelblich grün mit gleichmäßig verteilten schwarzen Pünktchen, bei anderen Weibchen und halbwüchsigen Exemplaren braun. Weibchen außerdem mit 2 oder 4 schmalen weißlichen Flankenlängsstreifen. Männchen, aber auch manche ältere Weibchen während der Paarungszeit mit leuchtend blauer Kehl- und Wangenregion. Unterseite weißlich bis gelblich grünlich, ungefleckt. Bauchschilder im Vergleich zur ähnlichen (aber deutlich größeren) Riesensmaragdeidechse nur in 6 Längsreihen und Anzahl der seitlichen Kopfschilder verringert (in der Regel weniger als 20 Schläfenschilder und keine

durchgehende Reihe von Körnerschuppen zwischen Augenbrauen- und Überaugenschildern). Nasenloch vom Schnauzenschild deutlich getrennt (keine Berührung).
Lebensraum Auf der gesamten Balkanhalbinsel, in Osteuropa bis zur Ukraine und in Kleinasien, fehlt aber auf vielen Ägäischen Inseln. In Deutschland nur im Raum Passau (Bayern) und im südöstlichen Brandenburg. Im Osten Europas in tiefen Lagen, in Südeuropa bis maximal 2000 m. In trockenwarmen, südexponierten Hanglagen, an sonnigen Waldrändern, auf buschreichen Wiesen, Trockenrasen oder in Weinbergen und Geröllhalden.
Wissenswertes Siehe Westliche Smaragdeidechse, S. 142.
Unterarten Die Nominatform *L. v. viridis* lebt in Osteuropa und auf dem größten Teil der Balkanhalbinsel, *L. v. meridionalis* im Nordosten Griechenlands und entlang der Schwarzmeerküste. Die kürzlich beschriebene *L. v. guentherpetersi* kommt auf der Insel Euböa vor (vermutlich auch auf dem angrenzenden Festland südlich des Olymp). 2 weitere Unterarten leben außerhalb Europas.

Pärchen (L. v. meridionalis) beim Sonnenbad

Verwechslungsarten Äußerlich von der Westlichen Smaragdeidechse nicht zu unterscheiden, lediglich frisch geschlüpfte Jungtiere zeigen bei *L. bilineata* eine deutliche Grünfärbung an Kopf und Hals (bei *L. viridis* bräunlich oder beige). Riesensmaragdeidechse mit 8 Längsreihen von Bauchschildern, einem das Schnauzenschild berührendes Nasenloch und Männchen meist mit gelber Kehle. Iberische Smaragdeidechse mit gefleckter Unterseite. Zauneidechse mit Rückenschuppen, die in der Mitte deutlich schmäler sind als an den Seiten.

Männchen aus Tschechien (L. v. viridis)

Westliche Smaragdeidechse

Lacerta bilineata
Eidechsen *Lacertidae*

> 30–40 cm
> Smaragdeidechsen
> Rücken hellgrün; Kehle der ♂ blau; Kopf der Jungtiere grünlich; Bauchschilder in 6 Längsreihen

Merkmale Die Westliche Smaragdeidechse wurde lange als „Variante" oder später auch als Unterart der äußerlich kaum zu unterscheidenden östlichen Schwesterart angesehen, doch ist ihr Artstatus mittlerweile eindeutig belegt. Beide Arten sind mit einer Körperlänge bis maximal 13 cm (die Schwanzlänge beträgt etwa das Doppelte) die größten Eidechsen Mitteleuropas. Artbeschreibung siehe Östliche Smaragdeidechse, S. 140.

Lebensraum In großen Teilen Westeuropas. Von Nordspanien über Frankreich bis Westdeutschland (in wenigen voneinander isolierten Populationen am Kaiserstuhl bei Freiburg sowie im mittleren Rheintal mit den Nebenflüssen Mosel und Nahe) sowie Italien; fehlt auf den meisten westlichen Mittelmeerinseln (außer z. B. Elba). Vor allem in klimatisch begünstigten tiefen und mittleren Lagen, in den italienischen Abruzzen und Nordspanien aber bis maximal 2160 m. Bewohnt in Mitteleuropa trockenwarme Lebensräume mit südexponierten Hanglagen; vor allem Weinberge, Trocken- und Halbtrockenrasen, Schotterhalden,

Brombeergestrüppe oder sonnige Waldränder, im Süden auch in Gebirgshängen und in feuchteren Hochlandgebieten.

Wissenswertes Tagaktive, sehr die Sonne liebende, scheue und flinke Eidechse, die bei Gefahr geräuschvoll in Spalten oder Löcher flieht und wie viele andere Echsen den Schwanz abwerfen kann (Autotomie). Die Nahrung besteht vor allem aus Insekten, Spinnen, Schnecken und Würmern, gelegentlich aber auch aus jungen Reptilien oder Vögeln und sogar Früchten. Zur Fortpflanzungszeit im April und Mai kommt es häufig zu ritualisierten Kämpfen der Männchen. Etwa 1–2 Monate nach der Paarung werden die Gelege aus 5–20 Eiern abgesetzt, unter günstigen Bedingungen auch zweimal pro Jahr. Von August bis Oktober schlüpfen die Jungen aus den Eiern.

Unterarten Außer der im westlichen Europa (von Nordspanien über Frankreich bis Norditalien und Westdeutschland) lebenden Nominatform *L. b. bilineata* und der gut abgrenzbaren *L. b. chloronota* aus Süditalien (Sizilien, Kalabrien) sind im Moment 2 weitere Unterarten gültig: Dies sind *L. b. fejervaryi* aus Mittelitalien und *L. b. chlorosecunda* aus dem italienischen Apulien.

Verwechslungsarten Andere Smaragdeidechsenarten, siehe Östliche Smaragdeidechse.

Jungtiere haben grünliche Kopfseiten.

Typisch gefärbtes Weibchen (L. b. fejervaryi) aus Italien

Riesensmaragdeidechse

Lacerta trilineata
Eidechsen *Lacertidae*

> 40–60 cm
> Smaragdeidechsen
> Rücken hellgrün; Kehle der ♂ gelb; Jungtiere mit 3–5 Streifen; Bauchschilder in 8 Längsreihen

Merkmale Große, robuste Eidechse mit relativ langen Beinen und langem Schwanz. Größte Vertreterin ihrer Gattung, Körperlänge maximal 16–17 cm, Schwanz 1,5–2mal so lang. Äußerlich der Östlichen Smaragdeidechse ähnlich, die z. T. im gleichen Lebensraum vorkommt, aber meist die wärmeren Abschnitte bevorzugt. Rücken ausgewachsener Exemplare mehr oder weniger einfarbig, in der Regel leuchtend hellgrün oder gelblich bis bräunlich grün mit einer gleichmäßigen, feinen, schwarzen Punktierung. Jungtiere und Halbwüchsige sowie manche Weibchen braun, mit 3 oder 5 schmalen weißlichen Längsstreifen in der Rückenmitte (z. T. stark verblasst) und an den Flanken. Männchen während der Paarungszeit mit gelber oder grünlicher Kehlregion, selten auch bläulich, dann v. a. seitlich am Hals. Unterseite grünlich bis gelblich, ungefleckt. Bauchschilder im Vergleich zur Östlichen Smaragdeidechse in 8 Längsreihen. Meist mehr als 20 Schläfenschilder sowie eine durchlaufende Reihe von etwa 8 Körnerschuppen zwischen Augenbrauen- und Überaugenschildern. Außerdem reicht das Nasenloch bei dieser Art immer bis zum Schnauzenschild.

Lebensraum Im Süden, Westen und Osten der Balkanhalbinsel, vor allem in tiefen und mittleren Lagen bis maximal 1000 m. Außerdem im westlichen Asien, wo die Art bis auf 2000 m Höhe vorkommt. Vor allem in halboffenen, trockenen, sonnigen Gebieten, z. B. in Olivenhainen, gebüschreichen Sanddünenlandschaften, Geröllhalden oder an Legesteinmauern und Holzstapeln, seltener in feuchten Gebieten oder in der Nähe von Bachläufen.

Wissenswertes Sehr scheue, tagaktive Art mit hoher Fluchtdistanz. Klettert gut (auch auf Bäumen) und sonnt sich gern in der Nähe stacheliger Sträucher, die bei Störungen aufgesucht werden. Die Nahrung besteht aus größeren Insekten, Spinnen und Schnecken, aber auch aus kleineren Echsen und jungen Nagetieren. Paarungszeit im Frühjahr nach einer 4- bis 6-monatigen Winterruhe. Die Gelege aus etwa 5–20 Eiern werden (oft zweimal im Jahr) von Mai bis Juni abgesetzt. Die Jungen schlüpfen im August und September.

Unterarten Die Nominatform *L. t. trilineata* kommt in den zentralen und östlichen Teilen Griechenlands vor, *L. t. major* im westlichen Balkangebiet und *L. t. dobrogica* an der Schwarzmeerküste Rumäniens und Bulgariens. Weitere Unterarten sind auf griechischen Ägäis-Inseln verbreitet: *L. t. citrovittata* auf Tinos und Andros, *L. t. hansschweizeri* auf den benachbarten Inseln Milos, Kimolos, Serifos und Sifnos, *T. t. polylepidota* auf Kreta

Bulgarische Riesensmaragdeidechse (L. t. dobrogica)

und Kythera und *L. t. diplochondrodes* auf Rhodos, Kos und anderen der Türkei vorgelagerten Inseln. Aus dem asiatischen Raum sind weitere Unterarten der Riesensmaragdeidechse beschrieben.

Verwechslungsarten Siehe Östliche Smaragdeidechse, S. 140.

Exemplar aus Zentralgriechenland (L. t. trilineata)

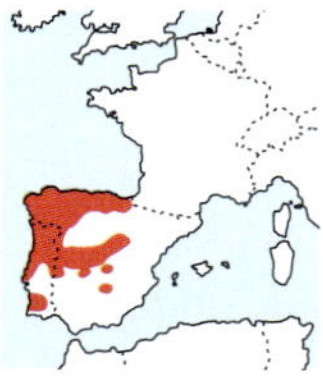

Iberische Smaragdeidechse

Lacerta schreiberi
Eidechsen *Lacertidae*

> 25–40 cm
> Smaragdeidechsen
> Rücken der ♂ grün, Bauch gefleckt; Jungtiere mit 3–5 Augenfleckreihen; 8 Längsreihen Bauchschilder

Merkmale Relativ große, gedrungene Smaragdeidechse mit kräftigen Beinen, breitem Kopf und langem Schwanz. Körperlänge maximal 12–13,5 cm, Schwanz 1,5–2mal so lang. Rückenfärbung ausgewachsener Exemplare variabel, Männchen in der Regel grasgrün oder gelbgrün mit zahlreichen kleinen und größeren schwarzen Flecken. Weibchen meist bräunlich oder graubraun mit Grüntönen und unregelmäßigen schwarzen Flecken, die oft dicht beieinander liegen und die Form von 3 Längsreihen annehmen; zusätzlich können weißliche Augenflecken auftreten. Jungtiere und Halbwüchsige ebenfalls braun und an den Flanken mit auffälligen, teilweise in 3–5 Längsreihen angeordneten, gelblichen, schwarz umrandeten Augenflecken, aber ohne Längsstreifen. Männchen (z. T. auch ältere Weibchen) während der Paarungszeit mit leuchtend blauer Kehlregion. Bauch gelblich, in der Regel schwarz gefleckt (v. a. bei den Männchen). Bauchschilder in 8 Längsreihen.

Lebensraum Nur auf der Iberischen Halbinsel (Nord- und Zentralspanien, Portugal), in mehreren voneinander getrennten Populationen. Vor allem in feuchten Gebieten des Hügel- und Berglandes bis maximal 1800 m. Bewohnt vegetationsreiche Lebensräume, z. B. überwachsene Straßenböschungen, Brombeerdickichte an Wegrändern oder Geröllhalden mit dichtem Krautbewuchs; häufig in der Nähe von Gebirgsbächen.

Wissenswertes Relativ träge, sich gerne sonnende Echse, die bei Gefahr im Wasser untertauchen kann. Die Nahrung besteht aus größeren Gliedertieren, v. a. Insekten und Spinnen, aber auch Schnecken und kleineren Echsen. Paarungszeit nach einer längeren Winterruhe im Frühjahr, etwa ab März. Die Männchen besetzen Territorien und es kommt häufig zu ritualisierten Kämpfen, wobei die blaue Kehle als Drohsignal dient. Die Gelege bestehen aus 10–20 Eiern und werden im Mai und Juni abgesetzt. Die Tiere erreichen mit 2–3 Jahren die Geschlechtsreife und ein Höchstalter von 10 Jahren.

Portrait

Verwechslungsarten Auf der Iberischen Halbinsel nur die Westliche Smaragdeidechse, die 6 Paare Bauchschilder, eine höhere Anzahl von Schenkelporen (über 20) und keine dunkle Bauchfleckung aufweist. Perleidechse viel größer, mit 10 Paaren Bauchschilder und blauen Flankenflecken. Siehe auch Östliche Smaragdeidechse, S. 140.

Bräunlich gefärbtes Weibchen

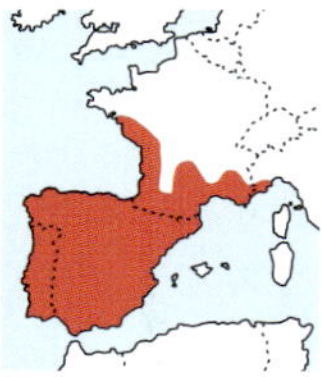

Perleidechse

Timon lepidus

Eidechsen *Lacertidae*

> 60–75 cm
> Perleidechsen
> Rücken grün, seitlich mit blauen Augenflecken; sehr groß, kräftig; 10 Längsreihen Bauchschilder

Merkmale Größte und „massigste" Eidechse Europas mit einer maximalen Körperlänge von 20–24 cm, Weibchen in der Regel unter 20 cm. Der lange, an der Basis verdickte Schwanz erreicht etwa die 1,5- bis 2-fache Körperlänge. Gedrungener, kräftiger Körperbau und breiter, in der Wangenregion aufgetriebener Kopf. Rückenfärbung variabel, in der Regel leuchtend grün, seltener auch gelblich oder braungrau (v. a. regenerierte Schwänze), mit zahlreichen schwarzen Flecken in Form größerer Rosetten oder eines feinen, netzartigen Musters. An den Flanken meist zusätzlich 3–4 Reihen kräftiger, tiefblauer, schwarz umrandeter Augenflecken. Jungtiere ebenfalls grün bis bräunlich, am Rücken mit auffälligen, weißen, schwarz eingefassten Augenflecken und meist rötlichem Schwanz. Bauch weißlich, gelb oder grünlich. Bauchschilder in 10 Längsreihen.

Lebensraum Auf der gesamten Iberischen Halbinsel, in Südfrankreich (z. B. Umgebung von Nizza) und Nordwestitalien. Vor allem in wärmeren, tiefen und mittleren Lagen bis 1000 m, in Südspanien (Sierra Nevada) auch bis 2500 m.

Bewohnt v. a. felsige, trockene Lebensräume mit hoher Sonneneinstrahlung, z. B. Straßenböschungen, Waldränder und Buschlandschaften, aber auch Kulturland mit relativ geringer Vegetation wie Olivenhaine und Weinberge.
Wissenswertes War lange als *Lacerta lepida* bekannt. Scheue, bodenbewohnende, aber auch gut kletternde und sich gerne sonnende Echse, die bei Gefahr geräuschvoll ins Unterholz oder auf nahe stehende Bäume flieht. Zu ihren zahlreichen Feinden zählen, wie bei vielen Echsen, Greifvögel und Eidechsennattern. Die Nahrung besteht aus großen Insekten und anderen Gliederfüßern (u.a. giftigen Skolopendern und Skorpionen), seltener auch aus kleineren Wirbeltieren (bis zur Größe junger Kaninchen). Paarungszeit nach einer längeren Winterruhe im April und Mai. Die Gelege können mehrfach im Jahr abgesetzt werden und bestehen aus 5–22 Eiern, aus denen nach etwa 3 Monaten die Jungen schlüpfen.
Unterarten Die Nominatform *T. l. lepidus* besiedelt den größten Teil des Verbreitungsgebietes, die

Drohende Perleidechse

kontrastarm gezeichnete, bräunliche oder grünlich graue *T. l. nevadensis* ist aus Südostspanien (Sierra Nevada) beschrieben. Zwei weitere Unterarten sind umstritten, *T. l. ibericus* aus dem Nordwesten Spaniens und Portugals und *T. l. oteroi* von der Insel Sálvora bei La Coruña, Spanien.
Verwechslungsarten Andere europäische Eidechsen deutlich kleiner. Westliche Smaragdeidechse mit 6 Paar Bauchschildern. Iberische Smaragdeidechse mit 8 Paar Bauchschildern, ohne blaue Flankenflecke.

Jungtiere besitzen eine auffällige Augenfleckzeichnung am Rücken.

Griech. Spitzkopfeidechse

„Lacerta" graeca
Eidechsen *Lacertidae*

> 23–26 cm
> „Eidechsen" (genaue Zuordnung noch ungeklärt)
> Körper abgeflacht; Rücken bräunlich, ungestreift; Kopf lang, zugespitzt; Wangen ohne große Schilder

Merkmale Relativ große, schlanke, abgeflachte Eidechse mit auffallend langem, spitz zulaufendem Kopf und 6–8 cm langem Rumpf (Schwanz etwa 2–2,5mal so lang). Rücken glänzend grau- bis bronzebraun, unregelmäßig schwarz gefleckt (ohne Streifung). Die Flanken sind etwas dunkler gefärbt mit hellen Tupfen. Bauch gelb bis orange, gefleckt. Männchen mit blauen Bauchrandschildern. Charakteristische Kopfbeschuppung, z. B. 2 kleine Schilder hinter jedem Nasenloch, im Wangenbereich keine großen Schilder.

Lebensraum Südgriechenland, nur in den Mittelgebirgen des Peloponnes in Höhen oberhalb von 400 m. Vor allem an besonnten, nicht zu trockenen, relativ vegetationsreichen Hängen oder lichten Wäldern, gerne in der Nähe von Gewässern.

Wissenswertes Gut an Felsen, Mauern oder Baumstämmen kletternde, relativ „gemächliche" Eidechse, die sich von kleinen Insekten und Gliederfüßern ernährt. Biologie kaum bekannt.

Verwechslungsarten Andere Eidechsen weniger spitzköpfig und abgeflacht.

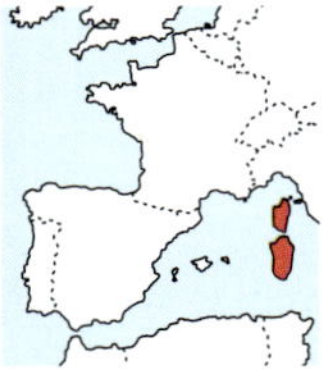

Tyrrhenische Gebirgseidechse

Archaeolacerta bedriagae
Eidechsen *Lacertidae*

> 20–28 cm
> Gebirgseidechsen
> Körper stark abgeflacht; Rücken meist grün mit netzartigem Muster; Kopf lang, spitz zulaufend

Merkmale Große, kräftige Gebirgseidechse mit langem, an den Schläfen breitem, spitz zulaufendem Kopf. Körper 6–8 cm lang, stark abgeflacht. Rücken grünlich, olivfarben oder bräunlich mit ausgeprägtem Muster aus dunklen, netzartig zusammenfließenden Flecken und Streifen. Selten einfarbig grün oder braunschwarz. Flanken oft kupferbraun. Bauch weißlich bis rötlich, z. T. gefleckt. Jungtiere mit blaugrünem Schwanz. Rückenschuppen glatt, körnig.
Lebensraum Nur auf Korsika, Sardinien und nahe gelegenen kleinen Inseln. Vor allem im Gebirge in Höhen zwischen 500–2700 m, an vegetationsarmen Felshängen, seltener in feuchten, krautreichen Wäldern; in Nordostsardinien auch direkt an der Meeresküste.
Wissenswertes Flinke Echse, ernährt sich von kleinen Insekten und Spinnen. Nach 5–6monatiger Überwinterung werden vom Weibchen 3–6 Eier gelegt.
Unterarten *A. b. bedriagae* auf Korsika, *A. b. paessleri* in Nordsardinien (Foto), *A. b. sardoa* in Südsardinien (Gennargentu), *A. b. ferrerae* in Nordostsardinien.

Mosor-Gebirgseidechse

Archaeolacerta mosorensis

Eidechsen *Lacertidae*

> 15–22 cm
> Gebirgseidechsen
> Körper stark abgeflacht; Rücken graubraun mit dunkler Fleckung; Kopf lang, flach; Bauch gelblich

Merkmale Mittelgroße (Körperlänge 6–7 cm), sehr schlanke und abgeflachte Gebirgseidechse mit langem, spitz zulaufendem Kopf und langem Schwanz. Oberseite variabel, glänzend graubraun, olivfarben oder braun, meist mit dunkler Fleckung oder Marmorierung. Rücken in der Regel heller gefärbt als die nach unten oft von blauen Schildern begrenzten Flanken. Bauch ungefleckt, gelblich bis orange. Charakteristisch sind 6 Paar Unterkieferschilder und 2 Schilder hinter jedem Nasenloch.

Lebensraum Räumlich isoliert in einigen küstennahen Gebirgsstöcken in Südkroatien, Bosnien-Herzegowina und Montenegro. Vor allem in feuchteren, nicht zu stark besonnten Berghängen in Höhen zwischen 600 und 1500 m, z. B. in lichten Laubwäldern, Wacholdergebüsch, in der Nähe von Quellen oder an schattigen Einbruchstellen im Karst.

Wissenswertes Eine der seltensten Eidechsen Europas. Sehr scheu und gut kletternd. Ernährt sich von verschiedenen Gliederfüßern. Legt Ende Juli 4–6 Eier; die Jungen schlüpfen im September.

Dalmatin. Spitzkopfeidechse

Archaeolacerta oxycephala
Eidechsen *Lacertidae*

> 18–20 cm
> Gebirgseidechsen
> Körper abgeflacht, grau oder schwarz; hell getupft; Kopf spitz; Bauch blau; Schwanz geringelt

Merkmale Relativ kleine (Körperlänge 5,5–6,5 cm), zierliche, stark abgeflachte Eidechse mit langem, spitzem Kopf. Rücken schwarzbraun oder bräunlich grau mit hellem, netzartigem Tupfenmuster, auf Inseln und im Gebirge auch nahezu schwarz. Unterseite blau. Schwanz mit auffälliger blauschwarzer Ringelzeichnung, Schuppenpaare der Schwanzunterseite in der Mitte breiter als außen. 5 Paar Unterkieferschilder.
Lebensraum Im adriatischen Küstenbereich, von Südkroatien und Bosnien-Herzegowina bis Montenegro, im Flachland (einschließlich vieler vorgelagerter Inseln) und Küstengebirge bis maximal 1500 m. Vor allem in vegetationsarmen, steinigen Habitaten wie Felswände, Geröllflächen und Steinmauern (z. B. in Dubrovnik).
Wissenswertes Scheue, flinke, sehr gut kletternde Eidechse, die sich von Insekten, Spinnen und anderen Gliederfüßern ernährt. Legt im Juni 2–4 Eier, aus denen nach 6 Wochen die Jungen schlüpfen.
Verwechslungsarten Mosor-Gebirgseidechse mit 6 Paar Unterkieferschildern, ohne „Ringelschwanz".

Kroatische Gebirgseidechse

Iberolacerta horvathi
Eidechsen *Lacertidae*

> 16–18,5 cm
> Iberische Gebirgseidechsen
> Körper abgeflacht, graubraun; Flanken mit abgesetztem, dunkelbraunem Band; Unterseite ungefleckt

Merkmale Kleine (Körperlänge 5,5–6,5 cm), schlanke, abgeflachte Gebirgseidechse mit kurzem, abgestumpftem Kopf und langem Schwanz. Rücken hell- bis braungrau mit dunklen Sprenkeln, oft in Form einer undeutlichen Mittellinie. Flanken mit dunkelbraunem, scharf abgesetztem, an den Rändern gewelltem Seitenband. Unterseite gelblich bis grünlich, ohne Fleckung. Besitzt 5 Paar Unterkieferschilder.

Lebensraum Einzelne Bergstöcke des nordwestlichen Balkans (Slowenien, Kroatien), Nordostitaliens und südlichen Österreichs (Julische und Karnische Alpen). Das Vorkommen im bayerischen Karwendelgebirge wurde nicht wieder bestätigt. In Höhen zwischen 500 und 2000 m, v. a. in felsigen, feuchten Lebensräumen mit hoher Sonneneinstrahlung (z. B. an den Plitvicer Seen) oder in lichten Laubmischwäldern.

Wissenswertes Tagaktive, schnelle Eidechse, die Spinnen und kleine Insekten erbeutet. Im Juli werden 3–5 Eier abgelegt.

Verwechslungsarten Mauereidechse mit gefleckter Kehle.

Aurelios-Gebirgseidechse

Iberolacerta aurelioi
Eidechsen Lacertidae

> 16–18 cm
> Iberische Gebirgseidechsen
> Rücken braun; Bauch gelblich oder grünlich, ungefleckt; nur in Höhenlagen der Zentralpyrenäen

Merkmale Kleine, grazile, abgeflachte Eidechse. Körperlänge 5–6 cm, Schwanz etwa doppelt so lang. Rücken graubraun, oft mit dunklen Flecken und hellen Seitenlängsstreifen (im Gegensatz zur Mauereidechse weniger scharf abgesetzt). Flanken dunkelbraun. Bauch gelblich bis grünlich, fleckenlos.
Lebensraum Nur in einem kleinen Gebiet in den östlichen Pyrenäen (Montroig, Pica d'Estats, Coma Pedrosa), in felsigen Habitaten in Höhenlagen zwischen 2100–2950 m.
Wissenswertes Wurde erst vor kurzem beschrieben. Biologie wenig bekannt.
Weitere Arten Zwei weitere, äußerlich kaum unterscheidbare Arten sind eng mit *I. aurelioi* verwandt und werden in der Untergattung *Pyrenesaura* zusammengefasst: die **Pyrenäen-Gebirgseidechse** (*I. bonnali*, Verbreitung in Grün) aus den zentralen Pyrenäen Spaniens und Frankreichs (1700–3100 m, z. B. Aigüestortes) und die **Arán-Gebirgseidechse** (*I. aranica*, Verbreitung in Blau) aus der Umgebung des Valle de Arán (1900–2700 m).

Iberische Gebirgseidechse

Iberolacerta monticola
Eidechsen *Lacertidae*

> 18–23 cm
> Iberische Gebirgseidechsen
> Rücken grün oder braun, schwarz gefleckt; Bauch grünlich; Gebirge im Westen und Nordwesten Iberiens

Merkmale Mittelgroße (Körperlänge 5–8 cm), relativ robuste, abgeflachte Gebirgseidechse mit breitem, flachem Kopf, langem Schwanz und variabler Rückenzeichnung. Männchen grün, olivfarben oder bräunlich, meist mit schwarzen, teilweise in Form von 2 Längsbändern zusammenhängenden Flecken. Flanken generell dunkler gefärbt, oft mit schwarzem Netzmuster, einigen hellen Tupfen und blauen Schulterflecken. Weibchen unscheinbarer, meist braun mit dunklem Mittelstreifen. Bauch weißlich bis gelblich, zur Paarungszeit (v. a. bei den Männchen) auffallend grün oder gelblich grün, bei der nordwestspanischen Unterart ungefleckt, bei der portugiesischen Nominatform mit feinen schwarzen Punkten. Jungtiere mit blauen Schwänzen.

Lebensraum In 2 geografisch voneinander getrennten Gebieten in Zentralportugal sowie in Nordwestspanien (z. B. im Nationalpark Covadonga). Die meisten Populationen leben im Gebirge in Höhenlagen zwischen 1100 und 2000 m, in Galizien sind aber auch Vorkommen auf Meereshöhe bekannt. Vor allem in felsigen, gering bewachsenen, relativ feuchten Lebensräumen nahe der Baumgrenze oder darüber, z. B. in Geröllhängen oder ausgetrockneten Bachbetten.

Wissenswertes Relativ kälteresistente, teilweise in hohen Populationsdichten lebende Eidechse, deren Nahrung aus Insekten, Spinnen und anderen Gliederfüßern besteht. Fortpflanzung im Juli, die Weibchen legen 3–10 Eier unter Steinen ab, die Jungen schlüpfen nach etwa 6–8 Wochen.

Unterarten Die taxonomische Einordnung der Iberischen Gebirgseidechsen (Gattung *Iberolacerta*) ist noch umstritten. Während die meisten Herpetologen *I. monticola* und einige der von ihr räumlich isolierten Populationen heute als eigene Unterarten oder gar Arten (*I. bonnali*, siehe S. 155; *I. cyreni* und *I. martinezricai*, siehe S. 158–159) betrachten, wird dies von anderen Autoren auch bezweifelt. Von *I. monticola* selbst ist im Moment neben der in der Serra de Estrela (Zentralportugal) lebenden Nominatform *I. m. monticola*

Exemplar aus der Sierra de Estrela, Portugal

meist noch die geografisch getrennte Unterart *I. m. cantabrica* aus dem Kantabrischen Küstengebirge (Nordwestspanien) und Galizien anerkannt.

Verwechslungsarten Andere Eidechsen im Verbreitungsgebiet ohne grünlichen Bauch. Mauereidechse mit deutlich gefleckter Kehle. Spanische Mauereidechse und Bocages Mauereidechse kleiner, zierlicher, dunkle Seitenstreifen kräftiger als Mittelstreifen (sofern vorhanden).

Männchen mit charakteristischer, grünlich gefärbter Unterseite

Spanische Gebirgseidechse
Iberolacerta cyreni
Eidechsen *Lacertidae*

> 18–23 cm
> Iber. Gebirgseidechsen (Untergattung *Iberolacerta*)
> Rücken meist grün, schwarz gefleckt; Bauch grünlich, ungefleckt; zentralspanisches Scheidegebirge

Merkmale Abgeflachte, mittelgroße Gebirgseidechse; ähnelt der Iberischen Gebirgseidechse (siehe S. 156), als deren Unterart sie lange galt. Relativ robust gebaut mit breitem, flachem Kopf, langem Schwanz und variabler Rückenzeichnung. Männchen meist grün oder grünbraun, seltener bräunlich, mit einem Muster aus schwarzen, teilweise zusammenhängenden Flecken. Seitlich dunkler gefärbt und oft mit blauen Schulterflecken. Weibchen unscheinbar braun oder bräunlich, häufig mit dunklem Mittelstreifen. Unterseite weißlich bis grünlich, ungefleckt oder höchstens mit einer feinen dunklen Punktereihe an den beiden äußeren Bauchschildern; Männchen zur Paarungszeit oft grün oder gelblich grün. Jungtiere mit blauen Schwänzen.

Lebensraum Nur im zentralspanischen Scheidegebirge der Sierra de Guadarrama und der Sierra de Gredos zwischen 1300 und 2500 m Höhe (am Pico Almanzor). Vor allem in felsigen, mit Gras und Sträuchern bewachsenen Berghängen, aber auch in relativ feuchten, geröllartigen Senken.

Wissenswertes Die taxonomische Zuordnung von *I. cyreni* ist noch immer umstritten (s. *I. monticola*). Es handelt sich um eine oft in hohen Populationsdichten lebende Eidechse, die relativ unempfindlich gegenüber langen Wintern und kühlfeuchten Sommern ist. Die Nahrung besteht aus Spinnen, kleinen Insekten wie Käfern, Fliegen und Ameisen sowie anderen Gliederfüßern. Die Männchen sind territorial und verteidigen kleine Reviere, in denen sie sich meist mit mehreren Weibchen aufhalten. Nach der Paarung setzen die Weibchen im Juli oder August ein Gelege aus 3–8 Eiern unter Steinen oder im Boden ab. Die Jungen schlüpfen nach etwa zwei Monaten.

Unterarten Die Nominatform *I. c. cyreni* wurde aus der Sierra de Guadarrama beschrieben, *I. c. castiliana* aus der benachbarten Sierra de Gredos.

Martinez-Rica-Gebirgseidechse aus der Sierra de la Peña de Francia

Weitere Arten Die in höheren Lagen der nur wenige km² großen Sierra de la Peña de Francia lebende **Martinez-Rica-Gebirgseidechse** (*Iberolacerta martinezricai*, Verbreitung in Blau) galt bis vor kurzem als weitere Unterart von *I. cyreni*, ist jetzt aber meist als eigene Art anerkannt, die sogar näher mit *I. monticola* verwandt sein soll.

Männchen von I. c. castiliana

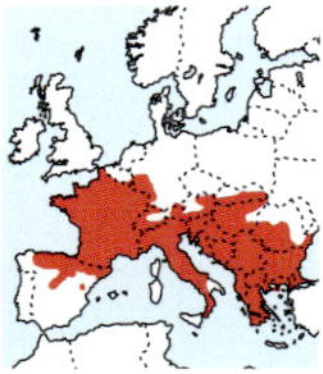

Mauereidechse

Podarcis muralis
Eidechsen *Lacertidae*

> 20–25 cm
> Mauereidechsen
> Rücken meist braun mit Flecken; dunkler Mittelstreifen kräftiger als Seitenstreifen; Kehle stark gefleckt

Merkmale Mittelgroße, schlanke, mehr oder weniger abgeflachte Mauereidechse mit flachem Kopf und langem Schwanz. Körperlänge 5–7,5 cm, Schwanz 1,7–2,3mal so lang. Halsband in der Regel glatt, Rückenschuppen schwach gekielt. Rückenzeichnung sehr variabel, unterscheidet sich sowohl zwischen Exemplaren unterschiedlicher Populationen als auch innerhalb einer Population. Färbung oberseits meist hell- oder dunkelbraun bis grau, teilweise auch grünlich, mit unregelmäßigen schwarzen Flecken, die sich vor allem seitlich zu einem Netzmuster vereinigen können; manchmal auch fleckenlos. Rücken häufig mit einem dunklen Mittelstreifen und paarigen, hellen Rückenseitenstreifen; wenn zusätzlich dunkle Seitenstreifen auftreten, sind diese in der Regel schwächer ausgeprägt als der kräftige Mittelstreifen. An den Flanken oft ein dunkles, von hellen Streifen eingefasstes Fleckenband. Vor allem in Italien finden sich auch grüne Exemplare mit ausgeprägter dunkler Netzzeichnung über den gesamten Rücken. Weibchen meist weniger kontrastreich gefärbt und deutlicher längs gestreift. Schwanzseiten oft mit auffälligen schwarzen und weißen Barren. Unterseite weißlich, gelblich, bräunlich oder (v. a. bei den Männchen) rötlich bis orangefarben (aber nie grünlich oder bläulich); in der Regel mit kräftigen schwarzen oder rostbraunen Flecken, vor allem in der Kehlregion.

Lebensraum In weiten Teilen West-, Mittel- und Osteuropas, von Nordspanien über Frankreich und Italien bis zum südlichen Balkan. Auch auf einigen Mittelmeer- und Atlantikinseln; entlang der Adriaküste allerdings selten und fehlt ebenso im ägäischen Raum, mit Ausnahme von Samothraki. In Deutschland nur in klimatisch begünstigten Gebieten, vor allem in der Rheinebene mit Nebentälern, am Kaiserstuhl, im Elbtal bei Dresden (dort ausgesetzt) und im Donautal bei Passau. Sowohl im Flach- als auch Bergland, im Süden bis über 2300 m Höhe. In Mitteleuropa vor allem in sonnigen, trockenen Habitaten wie Weinbergen,

Männchen aus den italienischen Abruzzen

Steinbrüchen, Trockenrasen, Bahndämmen, Trockenmauern, Ruinen oder Waldrändern. Im südlichen Verbreitungsgebiet hauptsächlich in höheren Gebirgslagen, in relativ feuchter und schattiger Umgebung, z. B. in lichten Laubmischwäldern oder an felsigen, spaltenreichen Berghängen.

Wissenswertes Wärme liebende, tagaktive, flinke Art, die gerne an Steinmauern klettert. Die Nahrung besteht vor allem aus Insek-

Exemplar aus den spanischen Pyrenäen

Albanische Mauereidechse (P. m. albanica)

ten, Spinnen und anderen Gliederfüßern, daneben auch Schnecken, Raupen und Würmern. Der Schwanz kann wie bei allen Eidechsen bei Gefahr abgeworfen werden (Autotomie). Paarungen finden je nach Lebensraum von März bis Juni statt. Die Männchen besetzen kleine Reviere, die sie heftig gegen Kontrahenten verteidigen; dabei verbeißen sich die Widersacher oft so fest ineinander, dass sie sogar berührt werden können. Die Weibchen setzen von Mai bis Juli kleine Gelege aus 2–12 weichschaligen Eiern im Erdboden oder unter Steinen ab. Unter günstigen klimatischen Bedingungen werden 2–3 Gelege pro Jahr abgesetzt, in kühlen Regionen nur eines. Nach 2–3 Monaten schlüpfen etwa 6 cm lange Jungtiere.

Unterarten Es wurden etwa 30 Unterarten beschrieben (allein in Italien 18), die sich in Zeichnung und Beschuppung etwas unterscheiden, aber nicht immer eindeutig zuzuordnen und daher teilweise umstritten sind. Im Moment sind meist 9 Unterarten anerkannt: Die Nominatform *P. m. muralis* aus Österreich, dem östlichen Mitteleuropa und angrenzenden Teilen Italiens (wurde außerdem in den Staat Ohio, USA, eingeschleppt); *P. m. nigriventris* aus dem westlichen Italien (Ligurien und Toskana entlang der Küste bis Neapel), außerdem eingeschleppt nach Deutschland (Passau, Dresden); *P. m. albanica* aus dem südlichen Balkangebiet (Albanien,

Männchen aus der Gegend um Stuttgart

Griechenland, Bulgarien) und der angrenzenden Türkei; *P. m. merremia* aus Zentral- und Ostspanien, Südfrankreich sowie Westligurien (Italien), der Westschweiz und dem Rheintal (bis Bonn); *P. m. brogniardi* aus dem Nordwesten Spaniens, den Hochlagen der Pyrenäen, West- und Mittelfrankreich sowie Belgien, den Niederlanden und Nordwestdeutschland (Nordeifel, Vennvorland); *P. m. colosii* von der Insel Elba (Italien) und dem gegenüberliegenden Festland; *P. m. maculiventris* aus Norditalien, dem Tessin (Südschweiz), Slowenien und Nordwestkroatien (außerdem nach British Columbia, Kanada, eingeschleppt); *P. m. breviceps* aus den Gebirgen Kalabriens (Süditalien); *P. m. brueggemanni* aus dem nordwestlichen Italien.

Verwechslungsarten Bergeidechse mit gezähntem Halsband. Spanische Mauereidechse mit schwächer pigmentierter (fein punktierter) Kehle, ohne dunklen Streifen in der Rückenmitte (wenn vorhanden, dann immer schwächer ausgeprägt als die dunklen Seitenstreifen); wenn beide Arten zusammen vorkommen, bewohnt *P. hispanica* eher den direkt der Sonne ausgesetzten, felsigen und *P. muralis* den locker bewachsenen Untergrund. Ruineneidechse mit ungefleckter Unterseite. Ägäische Mauereidechse weniger abgeflacht und ohne dunklen Rückenmittelstreifen (bzw. wenn vorhanden, dann immer schwächer entwickelt als die dunklen Seitenstreifen).

Paarung bei Albanischen Mauereidechsen (P. m. albanica)

Grünrückiges Männchen einer italienischen Mauereidechse (P. m. nigriventris)

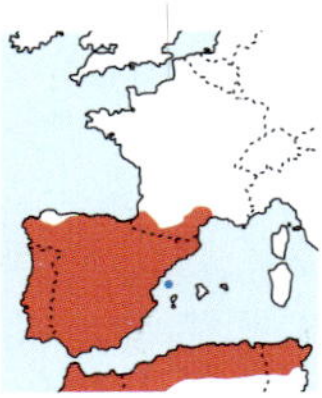

Spanische Mauereidechse

Podarcis hispanica
Eidechsen *Lacertidae*

> 16–20 cm
> Mauereidechsen
> Rücken braun; dunkle Seitenstreifen kräftiger als der oft fehlende Mittelstreifen; Kehle punktiert

Merkmale Relativ kleine (Körperlänge 5–7 cm), grazile, abgeflachte Art mit spitzer Schnauze. Rücken braun, grau oder grünlich, Flanken meist dunkler mit variablem Muster aus hellen und dunklen Flecken. Weibchen oft mit 4 weißlichen, von dunklen Linien umfassten Seitenstreifen. Dunkler Mittelstreifen (wenn vorhanden) schwächer als Seitenstreifen. Bauch weißlich bis rötlich, Kehle schwarz punktiert.
Lebensraum Iberische Halbinsel, Südwestfrankreich, Nordwestafrika, von Meereshöhe bis 3480 m (Sierra Nevada). Häufig in trockenen, steilen, felsigen Gebieten.
Wissenswertes Klettert sehr gut. Gelege aus 2–5 Eiern.
Unterarten Neben der weit verbreiteten Nominatform siedelt in Südwestspanien und Afrika die grünliche *P. h. vaucherii* (z. T. auch als eigene Art betrachtet), in den Pyrenäen und Südfrankreich *P. h. cebennensis*.
Weitere Arten Die **Columbretes-Mauereidechse** (*Podarcis atrata*, Verbreitung in Blau) der Columbretes-Inseln (Südostspanien) galt vor kurzem als weitere Unterart.

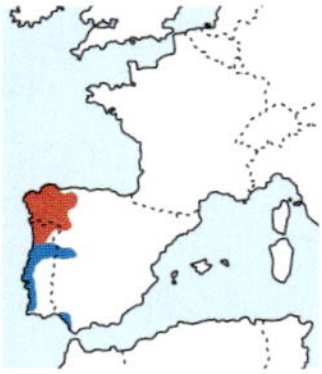

Bocages Mauereidechse

Podarcis bocagei
Eidechsen *Lacertidae*

> 16–20 cm
> Mauereidechsen
> Rücken grün; Flanken orangebraun, schwarz gefleckt; Bauch dunkel gefleckt; Nordwestiberien

Merkmale Ähnlich der Spanischen Mauereidechse (siehe S. 164), als deren Unterart sie früher galt, aber weniger abgeflacht, robuster und Weibchen geringer längs gestreift. Körperlänge 5–7 cm, Schwanz etwa das Doppelte. Rücken der Männchen meist grün. Flanken orangebraun mit dunklem Netzmuster, oft von hellen Längsstreifen begrenzt; z. T. mit blauem Schulterfleck. Bauch weißlich bis orange, intensiv dunkel gefleckt.
Lebensraum Nur im Nordwesten der Iberischen Halbinsel (Nordwestspanien, Nordportugal), im Flach- und Bergland von Meereshöhe bis maximal 1900 m. Vor allem in trockenen, steinigen, teilweise bewachsenen Hängen.
Wissenswertes Klettert weniger gut als *P. hispanica*.
Weitere Arten Die grazile, in 2 Unterarten im westlichen Zentralspanien und östlichen Portugal sowie in Südspanien (Doñana) verbreitete **Carbonell-Mauereidechse** (*Podarcis c. carbonelli* und *P. c. berlengensis*, Verbreitung in Blau) galt bis vor kurzem als Unterart von *P. bocagei*. Ihre Männchen besitzen kräftig grüne Flanken.

Pityusen-Mauereidechse

Podarcis pityusensis
Eidechsen *Lacertidae*

> 20–25 cm
> Mauereidechsen
> Rücken oft grün mit Längsreihen schwarzer Flecken; Schuppen leicht gekielt; Kehle gefleckt; Pityusen

Merkmale Mittelgroße (Körperlänge 6–9 cm), robuste, nicht abgeflachte Art mit kurzem Kopf und langem Schwanz. Rückenfärbung sehr variabel, meist hellgrün, blaugrün, bräunlich oder gelblich, aber auch grau bis fast schwarz; oft mit kleinen, schwarzen Flecken, die nicht selten zu 3 Längsreihen zusammenfließen, und v. a. die mittlere Reihe ist meist von hellen Streifen begrenzt. Flanken mit schwarzen, oft netzartigen Fleckenreihen und blauen Bauchrandschildern. Unterseite ebenfalls sehr variabel, weißlich, hellgrau, gelb, bläulich, grünlich, orangefarben oder rötlich, v. a. seitlich und an der Kehle in der Regel dunkel gefleckt. Auf einigen Inseln treten Exemplare mit sehr dunkler, fast einfarbig schwarzer Oberseite und ultramarinblauem Bauch auf. Rückenschuppen länglich sechseckig, schwach gekielt.

Lebensraum Nur auf der Inselgruppe der Pityusen, z. B. auf Ibiza und Formentera, aber auch auf zahlreichen vorgelagerten Inseln. Wurde außerdem nach Mallorca verschleppt und eine kleine Population existierte in den 1990er Jahren sogar inmitten von Barcelona (Plaza de las Glorias). In Ibiza in allen Lebensräumen von Meereshöhe bis zum höchsten Punkt der Insel (475 m) häufig, vor allem in Ruinen, Büschen, Steinmauern oder im steinigen Ödland. Auf den kleinen Inseln auch auf nacktem Fels lebend.

Wissenswertes Tagaktive Echse, die meist in großen Dichten vorkommt und oft wenig scheu ist. Die Nahrung besteht aus Insekten und anderen Gliederfüßern sowie in großem Umfang aus Pflanzlichem wie reife Früchte oder auch Brotkrumen.

Unterarten Durch das zersplitterte Verbreitungsgebiet auf zahlreichen kleinen, voneinander isolierten Inseln entwickelten sich z. T. sehr unterschiedlich aussehende „Varianten" (u. a. auch „Zwerg"- und „Riesen"-Formen), so dass bereits über 40 Unterarten beschrieben wurden, von denen im Moment 22 noch gültig sind. Erwähnt seien hier die Nominatform *P. p. pityusensis* von Ibiza und *P. p. formenterae* vom benachbarten Formentera.

Verwechslungsarten Die nahe verwandte **Balearen-Mauereidechse** (*Podarcis lilfordi*, Verbreitung in Blau) bewohnt in etwa 25 Unterarten die benachbarte Inselgruppe der Balearen (Cabrera-Inseln sowie viele der kleinen Inseln um Mallorca und Menorca, nicht aber die beiden Hauptinseln selbst, mit Ausnahme weniger eingeschleppter Populationen). Sie unterscheidet sich u.a. durch die feinen, glatten Rückenschuppen (bei der Pityusen-Mauereidechse gröber und schwach gekielt). Zwei weitere Mauereidechsen, die neuerdings nicht mehr zur Gattung *Podarcis* zählen, wurden nach Europa verschleppt: Die kleine, Felsen bewohnende **Brilleneidechse** (*Teira perspicillata*) wurde aus Nordwestafrika nach Menorca eingeführt (Umgebung von Ciudadela) und die verwandte **Madeira-Mauereidechse** (*Teira dugesii*) von der Insel Madeira ins Hafengebiet von Lissabon (Portugal).

Blau gefärbtes Männchen (P. p. vedrae) von der Insel Illa de Vedrà

Balearen-Mauereidechse von der Isla Colon bei Menorca

Tyrrhenische Mauereidechse

Podarcis tiliguerta
Eidechsen *Lacertidae*

> 20–25 cm
> Mauereidechsen
> Rücken meist grünlich braun mit Längsfleckenband; Kehle gefleckt; nur Korsika und Sardinien

Merkmale Mittelgroße, nicht abgeflachte Mauereidechse mit kräftigem, kurzem Kopf. Körperlänge maximal 6,5 cm, Schwanz doppelt so lang. Oberseite variabel, meist braun bis graubraun, zumindest die Männchen auch grünlich mit hellen Rückenseitenstreifen und schwarzen Flecken, die oft ein Längsstreifen- oder Netzmuster bilden. Flanken dunkler, schwarz gefleckt und z. T. mit einzelnen blauen Tupfen. Bauch weißlich, gelblich, orange oder rot, an der Kehle schwarz gefleckt. Oberschläfenschilder auf Kopfseite gebogen.

Lebensraum Nur auf Korsika und Sardinien (inklusive vorgelagerter Inseln), im Flach- und Bergland bis etwa 1800 m. Vor allem in trockenen, steinigen, z. T. dicht bewachsenen Berghängen oder an Straßenrändern.

Wissenswertes Tagaktive, vorwiegend bodenlebende Eidechse. Paarung nach 5- bis 6-monatiger Winterruhe im April. Gelege aus 6–12 Eiern.

Unterarten Neben der Nominatform wurden von umliegenden Inseln insgesamt 10, meist umstrittene Unterarten beschrieben.

Sizilianische Mauereidechse

Podarcis wagleriana
Eidechsen *Lacertidae*

> 22–25 cm
> Mauereidechsen
> Rücken meist grün mit hellen Seitenstreifen und schwarzen Fleckenreihen; Kehle gefleckt; Sizilien

Merkmale Mittelgroße, schlanke, kaum abgeflachte Art mit relativ spitzem, flachem Kopf; Körperlänge maximal 7,5 cm, Schwanz doppelt so lang. Rücken grün (Weibchen auch olivbraun), meist mit hellen Rückenseitenstreifen und schwarzen, zu 1–3 Längsstreifen angeordneten Fleckenreihen. Flanken mit schwarzen und einigen blauen Flecken, häufig sind auch zeichnungslose Exemplare. Bauch weißlich, beim Männchen orangerot; Kehle schwarz gefleckt.
Lebensraum Nur auf Sizilien (außer Nordosten) sowie den Liparischen und Ägadischen Inseln, v. a. im Flach- und Hügelland bis maximal 1600 m. Auf trockenen, besonnten, spärlich bewachsenen Flächen, auch in Städten.
Wissenswertes Tagaktive, kaum kletternde Bodenbewohnerin. Gelege aus 4–6 Eiern.
Unterarten Neben der Nominatform wurde *P. w. marettimensis* von Marettima (Ägadische Inseln) beschrieben.
Weitere Arten Die nah verwandte **Malta-Mauereidechse** (*Podarcis filfolensis*, Verbreitung in Blau) lebt in 5 Unterarten auf Malta und Gozo.

Ruineneidechse
Podarcis sicula
Eidechsen *Lacertidae*

> 20–25 cm
> Mauereidechsen
> Rücken oft grün, schwarz gefleckt, braunes Mittelband; Kehle, Bauch ungefleckt; Schuppen gekielt

Merkmale Relativ große und kräftige Mauereidechse mit abgeflachtem, länglichem Kopf und langem Schwanz. Körperlänge 6–9 cm (im nördlichen Verbreitungsgebiet etwas kleiner als im Süden), Schwanz mehr als doppelt so lang. Rückenzeichnung sehr variabel, leuchtend grün, olivfarben, gelblich, grau oder bräunlich, in der Regel mit schwarzen, netzartig oder in Längsreihen angeordneten Flecken. Vor allem im Norden (seltener auch im Süden) mit hellen Rückenseitenstreifen und in der Rückenmitte mit einem schmalen braunen, mit schwarzen Flecken durchsetzten Längsband. Nicht selten treten aber auch fast zeichnungslose, blass olivgrüne oder sehr dunkle Exemplare auf. Vor allem die Männchen meist mit blauem Flankenfleck über den Vorderbeinen sowie blau und schwarz gefleckten Bauchrandschildern. Weibchen eher bräunlich gefärbt und in der Regel deutlicher längs gestreift. Bauch weißlich, gelblich, rötlich oder grünlich, manchmal auch ultramarinblau, aber fast immer fleckenlos, auch an der Kehle. Rückenschuppen gekielt.

Lebensraum Italien und nördliche Adriaküste mit vorgelagerten Inseln (südlich bis Dubrovnik) sowie Korsika, Sardinien, Sizilien und benachbarte kleine Inseln des Tyrrhenischen Meeres. Die Art wurde außerdem in Spanien (Almeria, Santander, Menorca), Nordafrika, in der Umgebung von Lissabon (Portugal) und Istanbul (Türkei) sowie in den USA (Philadelphia, New York) eingebürgert. Sowohl im Flach- als auch im Bergland bis maximal 1800 m (am Ätna, Sizilien). Häufig auf vegetationsreichen, trockenen Geröllflächen, in Steinbrüchen, Kultur- und Grasland oder als Kulturfolger an Wegrändern, Steinmauern und Straßenböschungen.
Wissenswertes Tagaktive, bodenbewohnende und überaus anpassungsfähige Art. Eine der häufigsten Eidechsen Südeuropas, kann mit anderen Mauereidechsen Hybride bilden, z. B. mit *P. melisellensis, P. wagleriana, P. tiliguerta* und *P. raffonei*. Paarungen im April und Mai, die Gelege umfassen 6–12 ovale Eier.
Unterarten Es wurden bisher 91 (!) Unterarten der Ruineneidechse beschrieben (v. a. Inselformen), von denen heute etwa die Hälfte noch gültig, aber z. T. stark umstritten ist. Neben *P. s. sicula* aus Süditalien ist zumindest *P. s. campestris* aus den zentralen und nördlichen Gebieten Italiens (einschließlich Korsika und dalmatinische Adriaküste) als Unterart anerkannt.
Weitere Arten Die **Äolische Mauereidechse** (*Podarcis raffonei*, Verbreitung in Blau) lebt in 2 Unterarten ausschließlich auf den Liparischen Inseln; *P. r. raffonei* (ursprünglich als Unterart von *P. sicula* beschrieben) auf Strombolicchio und *P. r. antoninoi* (ursprünglich als Unterart von *P. wagleriana* beschrieben) auf Vulcano.
Verwechslungsarten Tyrrhenische Gebirgseidechse mit glatten, körnigen Rückenschuppen. Tyrrhenische Mauereidechse mit gefleckter Kehle. Sizilianische Mauereidechse mit kräftigen, hellen Rückenseitenstreifen. Adriat. Mauereidechse kleiner, zierlicher, mit kurzem Kopf.

Männchen (P. s. campestris) vom Lago Trasimeno, Italien

Ruineneidechse aus Sizilien (P. s. sicula)

Adriatische Mauereidechse

Podarcis melisellensis
Eidechsen *Lacertidae*

> 15–19 cm
> Mauereidechsen
> Rücken grün oder braun, oft mit hellen Seitenstreifen; Kehle ungefleckt; nördliche Adriaküste

Merkmale Auch Karstläufer genannt. Kleine, zierliche Art (Körperlänge 5–6,5 cm, Schwanz doppelt so lang), kurzer Kopf. Rücken grün, oliv oder braun, mit 2 hellen Seitenstreifen und dunklem Mittelband oder zeichnungslos. Flanken mit dunklen und hellen Fleckenreihen, blauen Bauchrandschildern. Männchen mit blauem Schulterfleck. Bauch weißlich, beim Männchen orangerot, ungefleckt.
Lebensraum Entlang der Adriaküste von Nordostitalien bis Nordalbanien einschließlich vorgelagerter Inseln. Im trockenen Flach- und Hügelland bis maximal 1300 m, v. a. auf vegetationsarmen, besonnten Karstflächen, an Straßenrändern und Steinmauern.
Wissenswertes Häufige, bodenlebende und ganzjährig tagaktive Echse. Männchen bilden zur Fortpflanzung Reviere. Wird im nordöstlichen Gebiet häufig von der Ruineneidechse verdrängt.
Unterarten *P. m. melisellensis* besiedelt die Insel Melisello (Brusnik), *P. m. fiumana* das dalmatinische Festland. 18 weitere, von umliegenden Inseln beschriebene Unterarten sind stark umstritten.

Taurische Eidechse

Podarcis taurica
Eidechsen *Lacertidae*

> 20–24 cm
> Mauereidechsen
> Rückenmitte grün, helle Seitenstreifen; Flanken braun, gefleckt; Halsband gezähnt; Kehle ungefleckt

Merkmale Mittelgroße, robuste, kaum abgeflachte Art mit kurzem Kopf. Körperlänge 6–8 cm, Schwanz doppelt so lang. Rückenmitte grün, ungefleckt, meist mit 2 hellen Rückenseitenstreifen und braunen, schwarz gefleckten Flanken; seltener auch zeichnungslos. Oft mit blauen Bauchrandschildern und Schulterflecken. Bauch und Kehle ungefleckt, weißlich bis orangerot. Halsband deutlich gezähnt.
Lebensraum Südlicher Balkan, nördlich bis Ungarn. Im Flach- und Hügelland bis 1200 m, auf nicht zu trockenem Gras- und Kulturland, in bewachsenen Sanddünen oder an Straßenrändern und Mauern.
Wissenswertes Bodenbewohnende, kaum kletternde Echse.
Unterarten Albanien und Westgriechenland bewohnt *P. t. ionica*, die Insel Thasopulos *P. t. thasopulae*, *P. t. taurica* das Restgebiet.
Weitere Arten Die sehr ähnliche, auf dem Skyros-Archipel lebende **Skyros-Mauereidechse** (*Podarcis gaigeae*, Verbreitung in Blau) galt früher als Unterart (z. T. auch als Unterart der Kykladen-Mauereidechse, siehe S. 174–175).

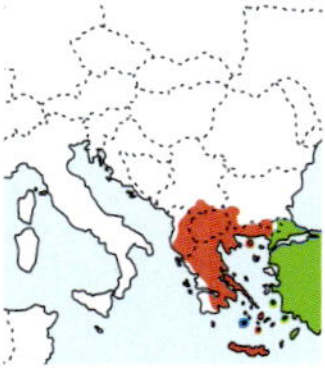

Kykladen-Mauereidechse

Podarcis erhardii
Eidechsen *Lacertidae*

- 18–22 cm
- Mauereidechsen
- Rücken meist braun mit hellen und dunklen Rückenseitenstreifen; Südbalkan und viele Ägäisinseln

Merkmale Mittelgroße, relativ schlanke, wenig abgeflachte Art mit breitem Kopf. Körperlänge meist 6–7 cm, Schwanz etwa doppelt so lang. Halsband in der Regel nicht gezähnt, Schuppen ungekielt. Rücken bräunlich, kupfer- oder sandfarben, meist mit hellen und dunklen Rückenseitenstreifen, bei Festlandtieren breiter und kräftiger als der häufig auch ganz fehlende Mittelstreifen. Männchen oft mit netzartig gezeichneten Flanken und blauen Bauchrandschildern. Inselexemplare meist größer (Körperlänge bis maximal 8 cm), mit schwach gekielten Schuppen, leicht gezähntem Halsband und variabler gefärbt; Rücken meist ohne Längsstreifung, braun, grau oder grün, oft mit netzartigem, dunklem Muster oder zeichnungslos. Bauch weiß oder gelb, bei den Männchen orange bis rot, manchmal an der Kehle leicht dunkel gefleckt.

Lebensraum Südliche Balkanhalbinsel, von Albanien bis Südgriechenland (außer weite Teile des Peloponnes) einschließlich vieler Ägäisinseln, auf denen die Art meist die einzige Eidechse ist. Im Flach- und Hügelland bis maximal

1000 m, v. a. auf felsigen, trockenen Flächen mit niedriger, buschartiger Vegetation oder in bewachsenen Sanddünen, seltener an Straßenrändern und Mauern.
Wissenswertes Bodenbewohnende, kaum kletternde, tagaktive Echse. Die Nahrung besteht aus kleinen Insekten und Gliederfüßern. Paarungen meist im März und April, Eiablage im Sommer. Das kleine Gelege besteht nur aus 2–4 Eiern.
Unterarten Die Nominatform *P. e. erhardii* bewohnt die Ägäischen Inseln Serifos und Sifnos, vom griechischen Festland wurden 3 Unterarten beschrieben: *P. e. livadiaca* aus Mittelgriechenland und dem Peloponnes, *P. t. thessalica* aus Thessalien sowie *P. e. riveti* aus dem restlichen Gebiet. Insgesamt 23 weitere Unterarten leben auf Kreta und vielen Ägäischen Inseln, z. B. *P. e. naxensis* (Foto S. 174) auf den Kykladeninseln Naxos, Ios und Santorin.
Verwechslungsarten Taurische Eidechse und Skyros-Mauereidechse mit kräftig gezähntem Halsband. Mauereidechse mit stark gefleckter Kehle und dunklem Rückenmittelstreifen, der immer kräftiger entwickelt ist als die Seitenstreifen.
Weitere Arten Die charakteristisch gefärbte, bei Männchen an Kehle und Vorderkörper schwarze, hell gefleckte **Milos-Mauereidechse** (*Podarcis milensis*, Verbreitung in Blau) ist in 3 Unterarten auf den Ägäischen Inseln Milos, Antimilos und Falkonera verbreitet. Sie wurde früher, wie auch die Skyros-Mauereidechse, als Unterart der Kykladen-Mauereidechse (bzw. der Taurischen Eidechse, s. S. 173) angesehen. Weitere Eidechsenpopulationen auf einigen der Türkei vorgelagerten Inseln zählen zur Verwandtschaft der **Anatolischen Felseneidechsen** („*Lacerta*“ *danfordi*-Gruppe; der Gattungsname steht hier in Anführungszeichen, da die systematische Zuordnung noch ungeklärt ist und sich *Lacerta* nur auf die Smaragdeidechsen bezieht; Verbreitung in Grün): *„L.“ anatolica aegea* (Samos), *„L.“ oertzeni pelasgiana* (Rhodos und umliegende Inseln), *„L.“ o. oertzeni* (Ikaria) sowie *„L.“ laevis troodica* (Zypern).

P. e. riveti, Männchen

P. e. riveti aus Bulgarien

Peloponnes-Mauereidechse

Podarcis peloponnesiaca
Eidechsen *Lacertidae*

> 22–27 cm
> Mauereidechsen
> Rücken bräunlich, meist hell längs gestreift; Flanken oft blau; Kehle ungefleckt; nur Peloponnes

Merkmale Größte Mauereidechse, robust gebaut mit kräftigem Kopf und einer Körperlänge von 6–8,5 cm (Schwanz etwa doppelt so lang). Oberseite bräunlich, bei Männchen auch grünlich, und meist deutlich längs gestreift (v. a. die kontrastreichen Weibchen). In der Regel 2–4 helle Rückenseitenstreifen und dunkle Längsbänder aus Fleckenreihen, die immer kräftiger entwickelt sind als der Mittelstreifen, z. T. aber auch zeichnungslos. Meist blaue Bauchrandschilder und ausgedehnte blaue Flankenflecken. Körperunterseite ungefleckt, weißlich, orange oder rot. Halsband glatt.

Lebensraum Nur auf dem griechischen Peloponnes, häufig als Kulturfolger im Flach- und Bergland bis 1600 m, v. a. auf trockenem, steinigem Ödland, in Olivenhainen, Ruinen oder an Straßenrändern.

Wissenswertes Tagaktive, bodenbewohnende Echse.

Unterarten Neben *P. p. peloponnesiaca* aus dem südlichen Peloponnes wurden noch 2 umstrittene Unterarten aus dem Norden (*P. p. lais*) bzw. Nordosten (*P. p. thais*) beschrieben.

Kaukasische Wieseneidechse

Darevskia praticola
Eidechsen *Lacertidae*

> 14–16 cm
> Felseneidechsen
> Schuppen in Rückenmitte größer als seitlich; Rücken hellbraun, Flanken dunkelbraun; Kehle ungefleckt

Merkmale Kleine, zierliche Art (Körperlänge 5–6 cm, Schwanz 1,5–2mal so lang) mit kurzen Beinen und grober, gekielter Rückenbeschuppung (Schuppen seitlich kleiner und schmaler als in der Mitte). Oberseite relativ einheitlich gefärbt mit breitem, hell- bis rötlich braunem, von schwarzen Flecken gesäumtem Mittelband und dunkelbraunen, unterseits hell begrenzten Flankenbändern. Bauch ungefleckt, weißlich bis grünlich gelb. Halsband gezähnt.

Lebensraum Inselartig im östlichen Balkan (Teile Serbiens, Rumäniens, Bulgariens und Griechenlands). Vor allem im Flachland bis 800 m, in feuchten, schattigen Laubwäldern, an Wegrändern oder auf verkrauteten Sumpfwiesen.

Wissenswertes Tagaktive, ruhige, vorwiegend bodenbewohnende, aber auch gut kletternde Eidechse. Gelegegröße 3–6 Eier.

Unterarten Die Nominatform *D. p. praticola* bewohnt den zentralen Kaukasus, *D. p. pontica* Europa und den West-Kaukasus.

Verwechslungsarten Waldeidechse mit gleich großen Rücken- und Seitenschuppen.

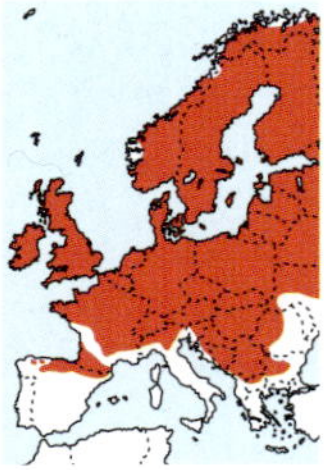

Waldeidechse, Bergeidechse

Zootoca vivipara
Eidechsen *Lacertidae*

> 12–18 cm
> Waldeidechsen
> Rücken braun; dunkle Mittellinie und Seitenbänder; kleine gekielte Rückenschuppen; Halsband gezähnt

Merkmale Schlanke, kleinwüchsige, durch die kurzen Beine gedrungen wirkende Eidechse mit kleinem, leicht abgeflachtem Kopf. Schwanz weniger als doppelt so lang wie der 6–7 cm lange Rumpf. Rückenschuppen gekielt. Oberseite braun, grau oder bronzefarben, manchmal auch nahezu schwarz, mit dunkler, v. a. bei den Männchen oft zu Punktereihen aufgelöster Mittellinie und Reihen kleiner schwarzer Flecken. Flanken (v.a. beim Weibchen) mit breitem, dunkelbraunem Längsband, das oben und unten jeweils hell gesäumt ist. Unterseite beim Weibchen weißlich bis cremefarben, ungefleckt oder mit wenigen schwarzen Flecken, beim Männchen gelb bis orangefarben und stärker gefleckt. Gezähntes Halsband.

Lebensraum Bewohnt von allen heutigen landlebenden Reptilienarten das am weitesten nach Norden reichende (über den 70° nördlicher Breite hinaus) und flächenmäßig größte Verbreitungsgebiet

Kopf einer Waldeidechse aus dem Kantabrischen Gebirge, Spanien

(Längsausdehnung von West nach Ost mehr als 11000 km). Von Irland und Nordwestspanien über Nord-, Mittel- und Osteuropa sowie weite Teile Asiens bis nach Sibirien und zu den Inseln Sachalin und Hokkaido. Vor allem in feuchten, kühlen Habitaten des Flach-, Hügel- und Berglandes, in den Pyrenäen bis 2400 m, in den Alpen bis 3000 m. Stellenweise sehr häufig, z. B. in Steinbrüchen, Feucht- und Bergwiesen, Heide- und Moorgebieten oder an Waldrändern, Wegböschungen und auf Lichtungen.

Wissenswertes Tagaktive, relativ standorttreue Eidechse mit langsamen, aber geschmeidig wirkenden Bewegungen, die bei Gefahr den Schwanz abwirft (Autotomie) und auch ins Wasser flüchtet. Frisst kleine Insekten, Spinnen, Tausendfüßer und Asseln. Paarung in Mitteleuropa von April bis Juni, 3 Monate später werden 3–12 Junge „lebend" geboren, wobei die Jungtiere während des Geburtsvorganges aus den transparenten Eihüllen schlüpfen. In Südwest- und im südlichen Mitteleuropa sind auch eierlegende Populationen bekannt, die zwischen Juni und August meist 2 Gelege absetzen und teilweise auch als eigene Unterarten betrachtet werden (siehe unten). Winterruhe in Mitteleuropa etwa von Oktober bis Februar.

Unterarten Die Unterartgliederung ist im Moment noch umstritten, meist werden neben *Z. v. sachalinensis* aus dem östlichen Sibirien und der im allergrößten Teil des Verbreitungsgebiets lebenden Nominatform *Z. v. vivipara* nur 2 weitere Unterarten unterschieden: *Z. v. pannonica* aus der ostslowakischen Tiefebene (einschließlich Umgebung) sowie die Eier legende *Z. v. carniolica* aus Slowenien und angrenzenden Gebieten. Die Eier legenden spanischen Tiere könnten eine weitere Unterart der Waldeidechse darstellen.

Verwechslungsarten Andere Halsbandeidechsen, in Mitteleuropa vor allem Mauer- und Zauneidechse, die einen größeren Kopf und längere Beine besitzen. Zauneidechsen haben außerdem in der Rückenmitte eine charakteristische Reihe schmaler Schuppen, während die Schuppen der Kaukasischen Wieseneidechse in der Mitte deutlich größer sind als an den Seiten.

Trächtiges Weibchen

Europäisches Schlangenauge

Ophisops elegans
Eidechsen *Lacertidae*

> 15–19 cm
> Schlangenaugen-Eidechsen
> Rücken bräunlich mit 4 hellen Seitenstreifen; Augenlider unbeweglich, transparent; ohne Halsband

Merkmale Kleine, schlanke Eidechse (Körperlänge 5–6 cm, Schwanz 1,5–2mal so lang) mit durchsichtigen, zu einer starren „Brille" verwachsenen Augenlidern (Auge schließt nicht bei Berührung). Rückenschuppen groß und gekielt. Oberseite bräunlich mit 4 schmalen, hellen, von Längsreihen schwarzer Flecken gesäumten Rückenseitenstreifen. Flanken oft grünlich oder gelblich, netzartig marmoriert. Bauch ungefleckt, weißlich; Kehle der Männchen grünlich bis bläulich. Halsband fehlt.

Lebensraum Vor allem in Kleinasien, in Europa nur im äußersten Südosten und auf einigen Ägäisinseln (z. B. Rhodos, Thasos), von Meereshöhe bis maximal 800 m. In offenen, trockenen, besonnten Landschaften, z. B. an steinigen Hängen oder in Olivenhainen.

Wissenswertes Flinke, tagaktive, bodenbewohnende Echse. Gelegegröße 2–6 Eier.

Unterarten In Europa *O. e. macrodactylus* (früher *O. e. ehrenbergii*), auf Zypern *O. e. schlueteri*, die Nominatform und weitere Unterarten außerhalb Europas.

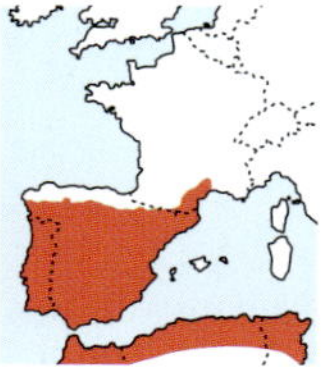

Algerischer Sandläufer

Psammodromus algirus
Eidechsen *Lacertidae*

> 25–30 cm
> Sandläufer
> Schuppen groß, schindelartig, gekielt; Rücken braun mit 4 hellen Längsstreifen; Halsband fehlt

Merkmale Große, robuste Eidechse, schlank wirkend durch den langen, dünnen Schwanz, der das 2- bis 3fache der Körperlänge (7–9 cm) erreicht. Rückenschuppen groß, zugespitzt, schindelartig übereinander liegend, kräftig gekielt (auch hinter der Ohröffnung). Oberseite metallisch hell- bis dunkelbraun, seitlich mit je 2 hellen, dunkel gesäumten Längsstreifen und oft mit dunklem Mittelstreifen. Männchen mit blauen Schulterflecken, zur Paarungszeit mit orangefarbener Kehl- und Wangenregion. Unterseite dieser Eidechsenart weißlich bis grün. Ohne Halsband.

Lebensraum Größter Teil der Iberischen Halbinsel und Südfrankreich westlich der Rhône; außerdem in Nordwestafrika. Von Meereshöhe bis maximal 2600 m (Sierra Nevada, Spanien), häufig im buschreichen Offenland, zwischen Brombeer- und Zistrosengestrüpp, im Unterholz lichter Wälder oder entlang von Bächen an Steinen.

Wissenswertes Siehe Spanischer Sandläufer (S. 182), stößt ebenfalls Laute aus, klettert besser. Gelegegröße 2–11 Eier.

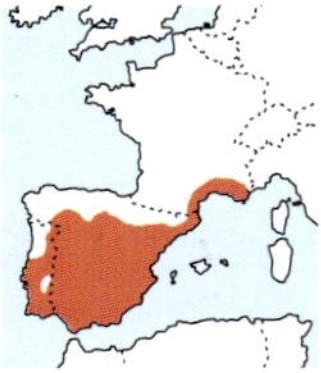

Spanischer Sandläufer

Psammodromus hispanicus
Eidechsen *Lacertidae*

> 13–15 cm
> Sandläufer
> Schuppen gekielt, schindelartig; Rücken mit 4–6 hellen Linien, schwarzen Barren; Halsband angedeutet

Merkmale Kleinwüchsige, schlanke, leicht abgeflachte Eidechse mit kleinem Kopf; Schwanz maximal doppelt so lang wie der nur 4–5 cm lange Rumpf. Rückenschuppen stark gekielt und schindelartig übereinander liegend, wegen der geringen Größe der Tiere im Gelände aber nicht immer gut zu erkennen. Oberseite variabel braun, grau, oliv- oder ockerfarben, meist mit einer charakteristischen Längszeichnung aus 4–6 weißen oder gelblichen, teilweise in kleine Striche aufgelösten Streifen sowie dazwischen liegenden schwarzen, barrenartigen Flecken (daraus resultiert ein „segmentiertes" Aussehen); seltener auch einfarbig graubraun. Flanken bei paarungsaktiven Männchen meist grünlich. Unterseite weißlich, leicht grünlich oder rötlich, gering oder nicht gefleckt. Halsband nur seitlich angedeutet, Schuppen direkt hinter der Ohröffnung körnig und ungekielt.

Lebensraum In weiten Teilen der Iberischen Halbinsel sowie Südwestfrankreich (Mittelmeerküste, unteres Rhônetal), zerstreuter vorkommend als der Algerische Sandläufer, aber in geeigneten Habitaten durchaus häufig. Vor allem im Flach- und Hügelland, von Meereshöhe bis maximal 1700 m (Sierra de Guadarrama und Sierra Nevada). In trockenen, halboffenen Lebensräumen mit Abschnitten aus dichtem, niedrigem Buschwerk, aber auch im vegetationsarmen Kultur- und Ödland oder in sandigen Dünenlandschaften.

Wissenswertes Tagaktive, äußerst flinke, den Boden bewohnende Eidechse, die bei Gefahr in charakteristischer Weise schnell über offene Stellen rennt, um sich anschließend im Sand oder Wurzelgeflecht von Grasbüscheln zu verstecken (daher der Name Sandläufer). Kann zur Paarungszeit oder beim Ergreifen quiekende Laute abgeben. Die Nahrung besteht aus kleinen Insekten, Spinnen und anderen Gliederfüßern. Die Gelegegröße beträgt 3–6 Eier, die ein- bis zweimal pro Jahr im Boden abgesetzt werden. Die Jungtiere schlüpfen von Juni bis August.

Exemplar mit der charakteristischen „segmentierten" Rückenzeichnung

Unterarten Die Nominatform *P. h. hispanicus* bewohnt Portugal sowie das südliche und zentrale Spanien, während *P. h. edwardsianus* in Nordostspanien und Südwestfrankreich vorkommt.

Verwechslungsarten Algerischer Sandläufer deutlich größer, mit proportional längerem Schwanz und hinter der Ohröffnung gekielten Schuppen. Andere Eidechsen mit kräftigem Halsband.

Spanische Sandläufer aus Alicante, Südspanien

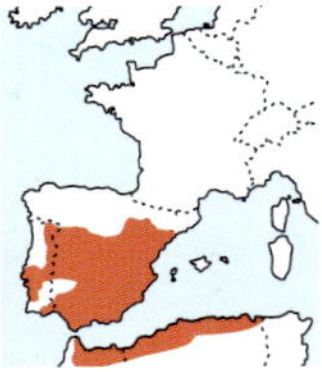

Europäischer Fransenfinger

Acanthodactylus erythrurus
Eidechsen *Lacertidae*

> 20–23 cm
> Fransenfinger-Eidechsen
> Rücken braun mit 8–10 hellen Längsstreifen; ohne Hinterhauptschild; 2 Überaugenschilder

Merkmale Mittelgroße, relativ kräftige Eidechse mit kurzem, hohem Kopf und zugespitzter Schnauze. Langer, dünner, am Ansatz (v. a. beim Männchen) rübenartig verdickter Schwanz, der etwa doppelt so lang ist wie der 6–7,5 cm lange Rumpf. Hintere Rückenschuppen gekielt und etwas vergrößert. Oberseite variabel gezeichnet, meist braun, graubraun oder ockerfarben mit 8–10 hellen Längsstreifen (z. T. nur undeutlich oder in Längsstriche aufgelöst) sowie dazwischen liegenden, barrenartigen, hellen und dunklen Fleckenreihen; seltener (v. a. im Süden) auch zeichnungslos, fast einfarbig grau. Beine mit hellen, runden, schwarz gesäumten Flecken. Unterseite weißlich grau, ungefleckt. Jungtiere auffallend schwarz-weiß längs gestreift mit rötlichen Hinterbeinen und Schwanz. „Fransenschuppen" seitlich an Fingern und Zehen (daher der Name Fransenfinger-Eidechsen), die bei dieser Art aber relativ schwach entwickelt und v. a. an der 4. Zehe erkennbar sind. Halsband vorhanden und typischer Kopfbeschilderung: oberhalb der Augen jeweils nur 2 große Überaugenschilder; kein Hinterhauptschild; Unteraugenschild erreicht die Oberlippe nicht oder nur ganz knapp.

Lebensraum Im südlichen und zentralen Portugal sowie in Spanien, außerdem in Nordwestafrika, v. a. in tiefen und mittleren Lagen; maximale Höhenverbreitung in der spanischen Sierra Nevada knapp 1800 m. Häufig auf trockenen, heißen Flächen mit sandigem Untergrund, v. a. in Dünenlandschaften an Meeresstränden (die „Fransenschuppen" dienen dabei wie „Schneeschuhe" der Fortbewegung), aber auch auf felsigen Böden mit geringer Vegetation im Inland.

Wissenswertes Tagaktive, bodenbewohnende, oft wenig scheue, aber flinke Eidechse, die sich in charakteristischer Weise mit leicht erhobenem Schwanz in kurzen Abschnitten über offene Flächen bewegt. Ruheposition mit wachsam aufgerichtetem Vorderkörper, v. a. die Jungtiere bewegen beim Sonnen oft langsam ihren Schwanz hin und her. Die Nahrung besteht aus Insekten und Spinnen. Zur Paarungszeit sind die Männchen aggressiv und besetzen kleine Reviere, die sie vehement gegen Eindringlinge verteidigen. Die Weibchen setzen ein- bis zweimal pro Jahr ein Gelege aus jeweils 4–6 Eiern im Boden ab. Jungtiere halten im Gegensatz zu den Erwachsenen meist keine Winterruhe.

Unterarten Die Nominatform *A. e. erythrurus* lebt in Portugal und Spanien, 2 weitere Unterarten kommen in Nordafrika vor.

Verwechslungsarten Andere europäische Halsbandeidechsen haben keine „Fransenschuppen" an Fingern und Zehen, die meisten Arten ein deutliches Hinterhauptschild und 4 Überaugenschilder.

Exemplar mit typischer Zeichnung

Prachtkieleidechse

Algyroides nigropunctatus
Eidechsen *Lacertidae*

> 18–21 cm
> Kieleidechsen
> Schuppen gekielt, in Rückenmitte größer als seitlich; Männchen mit blauem Hals, Flanken z. T. orange

Merkmale Mittelgroße, schlanke Eidechse mit langem, hohem Kopf. Schwanz etwa doppelt so lang wie der 6–7 cm lange Rumpf. Rückenschuppen nicht zugespitzt, kräftig gekielt, schindelartig übereinander liegend und deutlich größer als die ebenfalls gekielten Flankenschuppen. Oberseite dunkel gefärbt, meist grau- oder rötlich braun mit kleinen, schwarzen Punkten, aber ohne größere Flecken. Männchen mit charakteristischer, tiefblauer Färbung am Hals (oft auch an den Kopfseiten) sowie leuchtend orangefarbener Unterseite und teilweise orangefarbenen Flanken. Einzelne Bauchrandschilder meist ebenfalls blau. Unterseite der Weibchen gelblich bis grünlich weiß, ungefleckt. Halsband dieser Art gut ausgebildet, kräftig gezähnt oder gesägt.

Lebensraum Von Nordostitalien und Istrien entlang der Adriaküste (auch auf vielen Inseln) zerstreut bis nach Albanien und Nordwestgriechenland (Epirus-Gebirge sowie einige Ionische Inseln). Vor allem in vegetationsreichen, halbschattigen Lebensräumen, z. B. in Olivenhainen, in der Laubstreu buschbestandener Flächen, entlang von Bächen, Steinmauern und Hecken, aber auch in Menschennähe auf Feldern und in Siedlungen.

Wissenswertes Tagaktive, relativ versteckt lebende, vor allem den Boden bewohnende Eidechse. Die Nahrung besteht aus Insekten, Spinnen und anderen Gliederfüßern, aber auch kleinen Würmern und Raupen. Zur Paarungszeit im April und Mai verteidigen die Männchen Reviere. Die Weibchen setzen ein- bis zweimal pro Jahr kleine Gelege aus nur 2–3 Eiern im Boden ab.

Unterarten Die Nominatform *A. n. nigropunctatus* bewohnt annähernd das gesamte Verbreitungsgebiet, einschließlich des griechischen Festlandes und der vorgelagerten Inseln Korfu, Paxi und Levkas, während die Unterart *A. n. kephallithacius* von den Ionischen Inseln Kephallenia und Ithaka beschrieben wurde.

Diese Art lebt vor allem in deckungs- und vegetationsreicher Umgebung.

Verwechslungsarten Andere Halsbandeidechsen mit kleineren, nicht oder schwächer gekielten, mehr oder weniger nebeneinander liegenden Rückenschuppen. Peloponnesische Kieleidechse mit zugespitzten Rückenschuppen, diese sind etwa gleich groß wie die zugespitzten und gekielten Flankenschuppen.

Ausgefärbtes Männchen (A. n. nigropunctatus)

Peloponnesische Kieleidechse

Algyroides moreoticus
Eidechsen *Lacertidae*

- 10–13 cm
- Kieleidechsen
- Schuppen gekielt, zugespitzt, seitlich und in der Mitte gleich groß; Rückenmitte einfarbig braun

Merkmale Kleine, zierliche Eidechse mit Schwanz, der 1,5–2mal so lang ist wie der 4–5 cm lange Rumpf. Rückenschuppen schindelartig übereinander liegend, gekielt, spitz ausgezogen und gleich groß wie die Flankenschuppen. Rückenmitte der Männchen einfarbig rötlich bis dunkelbraun, meist mit 2 gelblichen Rückenseitenstreifen und grünlich gelben, dunkel marmorierten Flanken; Weibchen gänzlich braun. Unterseite weißlich bis grünlich gelb, meist dunkel gefleckt. Beine oft weiß gepunktet. Halsband gezähnt.

Lebensraum Nur in Griechenland (Peloponnes) und auf den 3 Ionischen Inseln Kephallenia, Ithaka und Zakynthos. Vor allem in nordexponierten, halbschattigen Lebensräumen, z. B. auf feuchten, vegetationsreichen Geröllflächen, Waldlichtungen und in der Nähe von Bächen, gerne auch in Hecken und Büschen.

Wissenswertes Tagaktive, versteckt lebende, Boden bewohnende Eidechse. Nahrung aus kleinen Insekten und Spinnen.

Verwechslungsarten Siehe Prachtkieleidechse, S. 186.

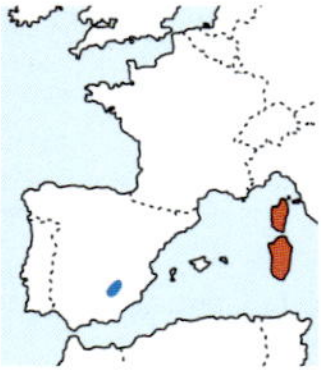

Zwergkieleidechse

Algyroides fitzingeri
Eidechsen *Lacertidae*

> 12–13 cm
> Kieleidechsen
> Schuppen gekielt, spitz ausgezogen; Körper klein, zierlich; Rücken braun mit dunklen Punkten

Merkmale Kleine, zierliche Eidechse mit abgeflachtem Kopf und kräftigem Schwanz (etwa doppelt so lang wie der nur 3,5–4 cm lange Rumpf). Rückenschuppen groß, gekielt, spitz ausgezogen und schindelartig übereinander liegend. Rücken einfarbig grau- bis dunkelbraun oder dunkeloliv, meist mit dunklen Punkten, die einen schmalen Mittelstreifen bilden können. Unterseite weißlich, gelblich oder orange, Kehle gefleckt. Halsband gezähnt.

Lebensraum Nur auf Korsika und Sardinien, in Höhen bis maximal 1100 m, v. a. auf feuchten, halbschattigen Geröllflächen in Hanglagen, im lockeren Macchia-Gestrüpp oder an Steinmauern und alten Bäumen.

Wissenswertes Sehr versteckt lebende, tagaktive Bodenechse. Gelege aus 2–4 Eiern.

Weitere Arten Die ähnliche **Spanische Kieleidechse** (*Algyroides marchi*, Verbreitung in Blau) bewohnt ausschließlich 3 kleine südostspanische Gebirgsstöcke in Höhenlagen zwischen 700 und 1700 m (Sierra de Cazorla, Sierra de Segura und Sierra de Alcaraz).

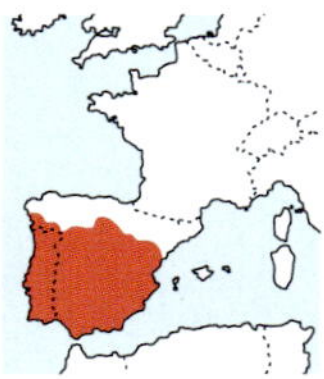

Iberischer Walzenskink

Chalcides bedriagai

Skinke, Glattechsen *Scincidae*

> 13–17 cm
> Walzenskinke
> Klein, lang gestreckt; Beine kurz; Rücken mit kleinen hellen, dunkelbraun gesäumten Augenflecken

Merkmale Relativ kleiner, lang gestreckter Skink mit kleinem Kopf und kurzen, aber funktionsfähigen Beinen und Zehen. Schwanz etwa so lang wie der 6–8,5 cm lange Körper. Rücken glattschuppig und glänzend braun, grau, oliv- oder gelbbraun, meist mit kleinen, zerstreut liegenden, weißen, dunkelbraun gesäumten Augenflecken sowie einem unscharfen, dunklen Mittel- und Flankenband. Unterseite hell, ungefleckt.

Lebensraum Iberische Halbinsel, zerstreut und mosaikartig in tiefen und mittleren Lagen (selten bis 1800 m). Sowohl auf offenen, trockenen Flächen mit geringer Vegetation als auch in feuchten, üppig bewachsenen Habitaten.

Wissenswertes Versteckt im lockeren Boden, unter Steinen oder in der Laubstreu lebende, v. a. tagaktive Echse. Die Weibchen sind lebend gebärend und setzen oft mehrfach im Jahr 1–4 Junge ab.

Unterarten Die Nominatform *C. b. bedriagai* ist im Süden, *C. b. cobosi* im Osten der Iberischen Halbinsel verbreitet, während *C. b. pistaciae* aus dem Westen z. T. auch als eigene Art betrachtet wird.

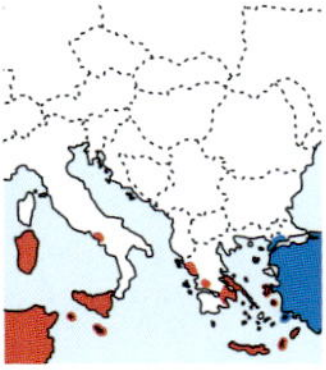

Gefleckter Walzenskink

Chalcides ocellatus

Skinke, Glattechsen *Scincidae*

> 25–30 cm
> Walzenskinke
> Groß, lang gestreckt; kurze Beine; Rücken braun mit weißen, schwarz umrandeten Augenflecken

Merkmale Großer, lang gestreckter Skink mit kleinem, spitz zulaufendem Kopf und kurzen, funktionsfähigen Gliedmaßen. Schwanz kurz, spitz endend, erreicht nur ein Drittel bis maximal die Hälfte der Körperlänge. Rücken glänzend gelbbraun bis grau mit längsstrichartigen weißen, schwarz umrandeten Augenflecken, die z. T. quer angeordnet sind. Unterseite weißlich, ungefleckt.

Lebensraum Peloponnes und Mittelmeerinseln wie Sardinien, Sizilien, Kreta in Höhen bis 1200 m; außerdem Nordafrika und Südwestasien. In unterschiedlichen, meist trockenen Habitaten wie Sanddünen, Agrarflächen, Olivenhainen oder Ruinen.

Wissenswertes Flinke, im sandigen Bodengrund und unter Steinen lebende Echse. Es werden etwa 5–15 Junge lebend abgesetzt.

Unterarten Die Nominatform wurde aus Griechenland beschrieben, *Ch. o. tiligugu* aus Italien.

Weitere Arten Die **Goldmabuye** (*Mabuya aurata*, Verbreitung in Blau) kommt in Europa nur auf wenigen der Türkei vorgelagerten Inseln vor (z. B. Rhodos).

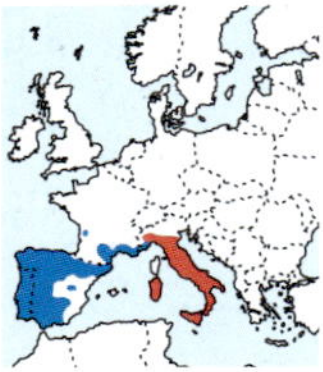

Italienische Erzschleiche

Chalcides chalcides
Skinke, Glattechsen *Scincidae*

> 35–48 cm
> Walzenskinke
> Körper schlangenähnlich, metallisch glänzend mit Längsstreifenzeichnung; Stummelbeine mit 3 Zehen

Merkmale Relativ großer, sehr lang gestreckter, schlangenähnlicher Skink mit kleinem, nicht vom Körper abgesetztem Kopf und winzigen, dreizehigen Gliedmaßen, die nicht funktionslos sind, aber leicht übersehen werden. Schwanz im unversehrten Zustand lang und spitz endend; erreicht mindestens die Hälfte bis fast zwei Drittel der Körperlänge. Oberseite metallisch glänzend, bronzefarben, grau, oliv- oder gelblich braun. Zeichnung variabel, häufig 2 helle, teilweise dunkel gesäumte seitliche Längsstreifen, die in der Rückenmitte eine etwas dunklere Zone abgrenzen; oft aber auch mit 4–6 dunklen Längsstreifen oder völlig zeichnungslos. Unterseite heller als Oberseite, weißlich und ungefleckt.

Lebensraum Italien und umliegende Mittelmeerinseln (z. B. Sardinien, Sizilien und Elba, nicht aber Korsika), im Flach- und Hügelland bis in 1600 m Höhe (Sizilien). Habitatspezialist, der nur in dicht mit niedriger, krautiger oder grasiger Vegetation bewachsenen Lebensräumen vorkommt, vor allem auf sandigen, stark besonnten, aber relativ feuchten Böden, z. B. Brachflächen, grasigen Wegrändern oder Trocken- und Sumpfwiesen. Meidet lichte Wälder oder meterhohes, dichtes Gestrüpp.

Wissenswertes Bodenlebende, äußerst wendige, vor allem in den Morgenstunden im niedrigen Gras nach Beute suchende Echse, die sich v. a. von Spinnen, Asseln, Käferlarven und kleinen Insekten ernährt. Auf der Flucht werden die bei der Nahrungssuche oft noch eingesetzten Beine seitlich an den Körper angelegt und die Tiere schlängeln oder „schießen" pfeilschnell durch das Unterholz. Paarungen finden nach einer bis zu 5-monatigen Winterruhe ab Mitte März statt. Die Männchen führen heftige Rivalenkämpfe durch, in deren Verlauf nicht selten die Schwänze beschädigt werden. Die Weibchen sind lebend gebärend und setzen 4–9 Jungtiere ab. Ab Anfang Oktober Winterruhe.

Weitere Arten Die **Westliche Erzschleiche** (*Chalcides striatus*, Verbreitung in Blau), ist erst seit kurzer Zeit als eigene Art anerkannt und vertritt ihre italienische Verwandte im westlichen Europa (Iberische Halbinsel, Südfrankreich und angrenzendes Nordwestligurien, Italien). Sie kommt in Höhen bis maximal 1800 m vor und unterscheidet sich durch in der Regel 9–13 dunkle Längsstreifen und einen 2. Finger, der etwa gleich lang ist wie der 3. (bei der Italienischen Erzschleiche ist der 2. Finger länger als der 3.).

Exemplar aus Sizilien

Westliche Erzschleiche

Johannisechse

Ablepharus kitaibelii
Skinke, Glattechsen *Scincidae*

> 10–13,5 cm
> Natternaugen-Skinke
> Sehr klein und grazil; Beine kurz; Rücken metallisch braun; Augenlider starr, durchsichtig

Merkmale Sehr kleiner, zierlicher, lang gestreckter Skink mit kurzen, aber funktionsfähigen Beinen und relativ dickem Schwanz, dessen Ansatz kaum vom Rumpf abgesetzt ist. Augenlider zu einer durchsichtigen „Brille" verwachsen („Schlangenauge"). Rücken glänzend, metallisch braun bis olivfarben, einfarbig oder mit dunklen, in Längslinien angeordneten Punkten; Flanken dunkelbraun. Unterseite ungefleckt, gräulich.
Lebensraum Östliches und südöstliches Europa, v. a. in sonnigen, warmen, tieferen Lagen, z. B. auf Trockenrasen, Wiesen, Offenlandflächen, in Olivenhainen oder lichten Laubwäldern.
Wissenswertes Tagaktive, flinke Art; lebt versteckt in der Laubstreu oder unter Steinen. Gelege aus 2–4 Eiern wird im Boden abgesetzt, die Jungen schlüpfen nach 2 Monaten.
Unterarten Beschrieben wurden *A. k. fitzingeri* aus Tschechien, Ungarn, *A. k. stepaneki* von der Balkanhalbinsel, *A. k. fabichi* von einigen ostägäischen Inseln (z. B. Kasos) und die Nominatform *A. k. kitaibelii* vom Peloponnes, von den Kykladen und den südlichen Sporaden.

Gesprenkelter Schlangenskink

Ophiomorus punctatissimus
Skinke, Glattechsen *Scincidae*

> 15–20 cm
> Schlangenskinke
> Rücken braun mit feinen Punktelinien; schlangenähnlich, klein, beinlos; 18–20 Schuppenreihen

Merkmale Kleiner, schlangenähnlicher Skink mit kleinem, von oben zugespitzt, kantig wirkendem Kopf und beinlosem Körper. Schwanz etwa körperlang, kegelförmig endend. Oberseite metallisch glänzend, gelblich braun oder braun, mit mehreren Längslinien aus kleinen, dunkelbraunen Punkten, die jeweils auf einer Schuppe liegen; Linien v. a. auf dem Schwanz deutlich. Unterseite hell und ungefleckt. Anzahl der Schuppenreihen um die Rumpfmitte 18–20.

Lebensraum Nur in wenigen Tieflandgebieten im Süden Griechenlands (v. a. Peloponnes) und der Türkei bis maximal 600 m Höhe. Auf sonnigen, trockenwarmen, spärlich mit Gras bewachsenen Offenlandflächen mit ton- oder lehmhaltigen Böden und großen, aufliegenden Steinen.

Wissenswertes Sehr selten zu beobachtender, unterirdisch im Boden lebender Skink, der am ehesten im Frühjahr unter Steinen anzutreffen ist. Über die Biologie dieser Art ist bis heute noch kaum etwas bekannt.

Verwechslungsarten Siehe Blindschleiche, S. 196.

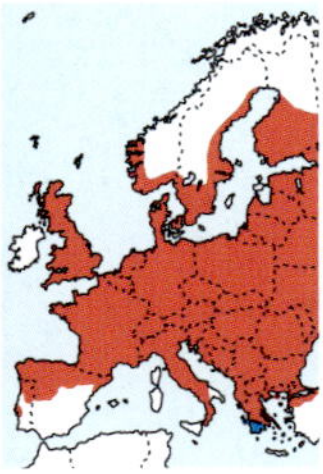

Blindschleiche

Anguis fragilis
Schleichen *Anguidae*

> 30–50 cm
> Blindschleichen
> Rücken braun, oft mit Punkten oder Punktreihen; schlangenähnlich, groß, beinlos; 23–30 Schuppenreihen um die Körpermitte

Merkmale Glattschuppige, schlangenförmige Schleiche ohne Gliedmaßen, mit etwas mehr als körperlangem, stumpf endendem Schwanz, der schnell abbricht (fragil), kaum regeneriert und daher meist kürzer als der Rumpf ist. Kopf eidechsenähnlich, stumpfschnäuzig, wenig vom Körper abgesetzt und mit beweglichen Augenlidern (im Gegensatz zu Schlangen). Langsame, steif wirkende Bewegungsweise. Oberseite hell- bis dunkelbraun, kupferfarben, rötlich oder grau, an den Flanken meist etwas heller. Ausgewachsene Weibchen oft mit dunklem Rückenstreifen und braunen, in schmalen Längsreihen angeordneten Punkten oder Strichen. Männchen z. T. mit hellblauen Rückenflecken (v. a. in Osteuropa, aber auch in Deutschland), die zur Fortpflanzungszeit intensiv leuchten. Unterseite schwarz- bis bläulich grau, beim Männchen auch gelblich. Jungtiere auffallend gold- bis silberfarben glänzend, mit schwar-

zem Rückenmittelstreifen, dunklen Flanken und dunklem Bauch. Anzahl der Schuppenreihen um die Rumpfmitte 23–30.
Lebensraum In fast ganz Europa außer dem hohen Norden und dem Süden der Iberischen Halbinsel; ferner in Nordwestafrika und Teilen Südwestasiens. Vom Flachland bis in hochalpine Lagen, in den spanischen Pyrenäen und auf dem Balkan bis maximal 2400 m. Meist flächendeckend verbreitet und häufig, vor allem in mäßig feuchten Habitaten mit dichter Vegetation, z. B. Wiesen, Waldränder, Heidelandschaften und Moore, aber auch Gärten, Brachland und Parkanlagen. Häufig unter Totholz oder Steinen.
Wissenswertes Wohl eines der angepasstesten Reptilien Europas. Tag- und dämmerungsaktive, versteckt lebende Art, die starke Sonneneinstrahlung meidet. Die Nahrung besteht v. a. aus Würmern, Schnecken, Spinnen und langsamen Insekten. Nach der in Mitteleuropa von Oktober bis April dauernden Winterruhe (oft überwintern dabei viele Exemplare gemeinsam in tiefen Erdlöchern) erfolgt die Paarung; nach 3 Monaten Tragzeit setzt das Weibchen im Sommer 8–20 etwa 8 cm lange Jungtiere ab, die sich während der Geburt aus ihren häutigen, durchsichtigen Eihüllen befreien. Blindschleichen besitzen eine Lebenserwartung von mehr als 30 Jahren.
Unterarten Die Nominatform *A. f. fragilis* ist aus West- und Mitteleuropa beschrieben, *A. f. colchicus* aus den östlichen Gebieten.
Verwechslungsarten Schlangenskink kleiner (unter 20 cm), mit mehreren Längsreihen kleiner dunkelbrauner, jeweils auf einer Schuppe liegender Punkte und mit höchstens 20 Schuppenreihen um die Rumpfmitte.
Weitere Arten Die meist sehr dunkel gefärbte **Peloponnes-Blindschleiche** (*Anguis cephallonicus*, Verbreitung in Blau) bewohnt ausschließlich den Peloponnes und einige Nachbarinseln (Zakynthos, Kephallenia). Sie unterscheidet sich durch eine deutlich höhere Anzahl der Schuppenreihen um die Rumpfmitte (34–36).

Weibchen mit frisch abgesetzten Jungen

Peloponnes-Blindschleiche

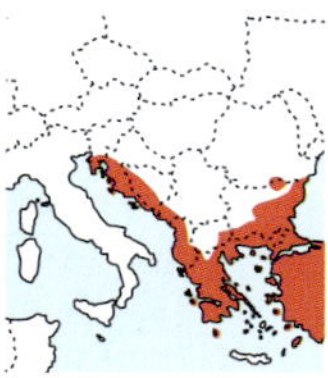

Scheltopusik, Panzerschleiche

Pseudopus apodus
Schleichen *Anguidae*

> 80–140 cm
> Panzerschleichen
> Sehr groß, kräftig, schlangenähnlich; mit Hautfurche seitlich am Rumpf; beinlos; einfarbig braun

Merkmale Sehr große und kräftige, beinlose (bis auf winzige, kaum sichtbare Rudimente der Hinterbeine), schlangenförmige Schleiche mit eidechsenartigem, wenig vom Körper abgesetztem, spitzschnäuzigem Kopf und beweglichen Augenlidern. Besitzt eine durch Hautknochen verstärkte, panzerähnliche Körperbeschuppung (Panzerschleiche) und eine seitlich am Rumpf vom Kopfende bis zum Schwanzansatz verlaufende Hautfurche. Der im unversehrten Zustand 1–1,5mal die Körperlänge erreichende Schwanz endet spitz, kann aber bei starker Beanspruchung abbrechen und wird dann kaum mehr regeneriert. Oberseite einheitlich hell- bis gelblich braun oder kastanienfarben, im ausgewachsenen Zustand ohne Zeichnung. Kopf und Bauchseite meist etwas heller gefärbt als die Oberseite. Jungtiere grau mit auffallenden, unregelmäßigen, dunklen Querbinden, die nach 2–3 Jahren verschwinden. Auch die zunächst gekielten Rückenschuppen werden später fast glatt.

Lebensraum Im Küstenbereich der Balkanhalbinsel; außerdem in der

Türkei und östlich bis nach Mittelasien. Vom Flachland bis in höhere Gebirgslagen, außerhalb Europas bis 2400 m. Relativ häufig vor allem in sonnigen, trockenen oder mäßig feuchten Lebensräumen mit üppiger, buschartiger Vegetation; oft an steinigen, versteckreichen Berghängen und auf Geröllflächen, aber auch im Kulturland in der Nähe von Siedlungen, in Weinbergen oder an Steinmauern.
Wissenswertes Zählte bis vor kurzem noch zur Gattung *Ophisaurus*. Tagaktive Art, die sich gerne sonnt, aber durchaus auch bei Regen aktiv ist. Bei Gefahr fliehen die Tiere mit lautem Geräusch, wobei sie sich an Steilhängen oft mehrere Meter tief über Felswände fallen lassen können. Ergriffene Exemplare beißen in der Regel nicht, sondern versuchen, sich kraftvoll zu „entwinden". Die Nahrung besteht v. a. aus Gehäuse- und Nacktschnecken, Würmern und größeren Insekten wie Käfern, aber auch aus jungen Kleinsäugern und Vogeleiern. Winterruhe meist von Oktober bis März, danach erfolgt die Paarung. Das Weibchen setzt im Juni oder Juli etwa 6–12 weichschalige Eier ab, aus denen nach 1,5 Monaten die bereits 10–12 cm langen Jungtiere schlüpfen.
Unterarten Die auf dem Balkan lebende Population gehört zur Unterart *P. a. thracius*, die Nominatform *P. a. apodus* bewohnt das Kaukasus-Gebiet.

Aus sicherem Versteck beäugt ein Scheltopusik aufmerksam die Umgebung.

Relativ dunkel gefärbtes Exemplar

Maurische Netzwühle

Blanus cinereus

Doppelschleichen *Amphisbaenidae*

> 20–28 cm
> Netzwühlen
> Körper klein, schlangenähnlich, in regelmäßige Querringe segmentiert; beinlos; einfarbig bräunlich

Merkmale Kleine, schlangen- oder wurmähnliche Doppelschleiche ohne Beine, mit einem durch die regelmäßige, rechteckige Körperbeschuppung in Querringe segmentierten Körper und seitlicher Längsfalte. Kleiner, durch eine ringförmige Furche vom Körper abgesetzter Kopf mit winzigen Punktaugen, der leicht mit dem kurzen, stumpf endenden Schwanz verwechselt werden kann. Oberseite fleischfarben, grau, braun oder rötlich braun, Bauch etwas heller.
Lebensraum Südliche und zentrale Iberische Halbinsel, vor allem im Flach- und Hügelland bis maximal 1800 m. In trockenen, lockeren, oftmals sandigen Böden, aber auch auf feuchten, humusreichen Agrarflächen.
Wissenswertes Spezialisierte, unterirdisch lebende Art, die nur selten unter Steinen, anzutreffen ist. Nahrung aus Ameisen, Ameisenpuppen, kleinen Bodeninsekten. Legt im Sommer 1–2 Eier.
Verwechslungsarten Die **Türkische Netzwühle** (*Blanus strauchi*, Verbreitung in Blau) kommt auf den griechischen Inseln Kos und Rhodos sowie in der Türkei vor.

Wurmschlange, Blödauge

Typhlops vermicularis
Blindschlangen *Typhlopidae*

> 20–35 cm
> Blindschlangen
> Körper fleischfarben, wurmartig dünn; Bauch- und Rückenschuppen gleich groß; schwarze Punktaugen

Merkmale Kleine, spezialisierte Schlange mit dünnem, an Bauch und Rücken gleichmäßig (dachziegelartig) beschupptem Körper. Aussehen und Bewegungsweise wurmartig. Kleiner, nicht vom Körper abgesetzter Kopf mit fester Schädelkapsel, vergrößerten vorderen Kopfschildern und schwarzen Punktaugen. Kurzer Schwanz, der in harter Kegelschuppe endet („Scheinstachel" zur Verteidigung). Oberseite lederartig, fleischfarben glänzend, Bauch heller.

Lebensraum Südlicher Balkan, in tiefen und mittleren Lagen. Auf offenen, trockenen Grasflächen mit Steinen, unter denen die Tiere v. a. im Frühjahr nach Regenfällen anzutreffen sind.

Wissenswertes Der Artname bezieht sich auf die unterentwickelten Augen (blöd = schwach). Unterirdisch lebend in schmalen, selbst angelegten Gängen. Die kaum dehnbare Mundöffnung bewältigt nur kleine Beutetiere, v. a. Termiten, Ameisen und deren Puppen sowie kleine Käfer und Hundertfüßer. Das Gelege besteht aus 4–8 weißen Eiern und wird im Mai im Boden abgesetzt.

Westliche Sandboa

Eryx jaculus

Riesenschlangen *Boidae*

> 40–80 cm
> Sandboas
> Pupille senkrecht; Bauchschilder weniger breit als Körper; Aftersporne; breites Schnauzenschild

Merkmale Gedrungen gebaute Schlange mit Becken- und Hinterbeinresten (Aftersporne). Kleiner, nicht vom Körper abgesetzter Kopf mit breitem, dreieckigem Schnauzenschild (Grabwerkzeug). Schwanz kurz, Breite der Bauchschilder beträgt nur etwa ein Drittel der Körperbreite. Kleine Augen mit senkrecht geschlitzter Pupille. Oberseite lehmfarben, grau oder rötlich braun mit dunkler, bindenartiger Fleckenzeichnung. Seitlich unregelmäßig dunkel gefleckt. Bauch dieser Art grau bis rötlich mit braunen Flecken.

Lebensraum Im südlichen Balkan, in trockenen, offenen, steinigen Flachlandlagen, gerne in Flusstälern oder auf Feldern der Nähe von lichten Wäldern. Lebt unterirdisch unter Steinen, in Nagerbauten oder selbst angelegten Gängen.

Wissenswertes Nachtaktive Riesenschlange, die Mäuse, schlafende Eidechsen und junge Vögel durch Umschlingen tötet. Lebend gebärend, Weibchen wirft im Spätsommer 5–15 Junge.

Unterarten In Europa kommt *E. j. turcicus* vor, die Nominatform bewohnt Nordafrika.

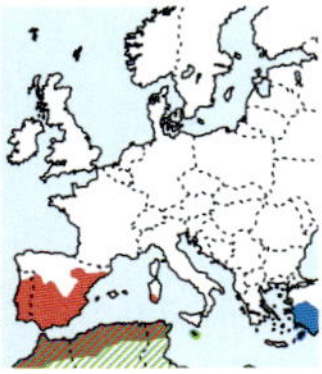

Hufeisennatter

Hemorrhois hippocrepis
Nattern *Colubridae*

- 140–200 cm
- Zornnattern (ehemalige Gattung *Coluber*)
- Hufeisenförmige Kopfzeichnung; Querbinde zwischen Augen; Rückenflecken; 25–29 Schuppenreihen

Merkmale Kräftiger, durch den langen Schwanz schlank wirkender Körper. Abgesetzter Kopf mit großen Augen. Markantes Rückenmuster aus großen, dunklen Flecken auf gelblichem bis rötlichem Grund, einer dunklen Querbinde zwischen den Augen und der namengebenden, hufeisenförmigen Kopfzeichnung. Flanken mit kleineren, dunklen Flecken. Bauch gelb bis orangefarben, seitlich mit Punkten. 25–29 ungekielte Rückenschuppen um die Körpermitte.

Lebensraum Iberische Halbinsel, Sardinien und Pantelleria in Höhen bis maximal 1750, außerdem Afrika. Vor allem in trocken-heißen, steinigen, buschreichen Gebieten wie Geröllflächen oder Berghängen.

Wissenswertes Flinke, scheue, tagaktive Natter. Legt im Sommer 5–10 Eier.

Verwechslungsarten Die **Münzennatter** (*H. nummifer*, Verbreitung in Blau) lebt in der Türkei und auf wenigen griechischen Inseln, z. B. Kos, Kalymnos. Aus Nordafrika nach Malta verschleppt wurde die **Algerische Zornnatter** (*H. algirus*, Verbreitung in Grün).

Schlanknatter

Platyceps najadum
Nattern *Colubridae*

> 80–135 cm
> Zornnattern (ehemalige Gattung *Coluber*)
> Körper grazil; einfarbig braun mit dunkler Augenfleckenreihe in der Halsregion; 19 Schuppenreihen

Merkmale Sehr schlank und grazil mit langem Schwanz. Vom Körper abgesetzter Kopf mit großen Augen, runden Pupillen. Oberseite einfarbig graugrün oder oliv- bis rötlich braun, in Richtung Schwanz meist dunkler und brauner werdend; in der Halsregion auf beiden Seiten eine auffällige Reihe dunkler, weiß umrandeter Augenflecken. Bauch weißlich, ungefleckt. 19 ungekielte Schuppen um die Rückenmitte.

Lebensraum Südliche Balkanhalbinsel bis nach Westasien. Im Flach- und Bergland, in Armenien bis maximal 2500 m. Vor allem in trockenen, steinigen, mit Büschen durchsetzten Gebieten, z. B. in Flusstälern, an Waldlichtungen, Wegrändern und in verwilderten Gärten.

Wissenswertes Äußerst flink, tagaktiv; frisst vor allem Eidechsen, seltener nestjunge Säuger oder Heuschrecken. Bodenbewohnend, kann aber gut klettern. Gelege aus 3–5 Eiern wird im Mai abgesetzt, die Jungtiere schlüpfen im Spätsommer.

Unterarten Die Nominatform *P. n. najadum* lebt im Kaukasus, *P. n. dahli* in Europa.

Balkan-Zornnatter

Hierophis gemonensis
Nattern *Colubridae*

> 80–110 cm
> Zornnattern (ehemalige Gattung *Coluber*)
> Dunkle, weiß getupfte Rückenflecke; Schwanz fein gestreift; Bauchrand gefleckt; 19 Schuppenreihen

Merkmale Schlanke Natter mit abgesetztem Kopf, großen Augen und lang ausgezogenem, meist fein längs gestricheltem Schwanz. Oberseite braun-, oliv- oder gelblich grau mit vielen kleinen, dunklen, jeweils mit weißen Strichen durchsetzten Flecken. Bauch weißlich, an der Außenkante dunkel gepunktet. 19 ungekielte Rückenschuppen um die Körpermitte.
Lebensraum Küstenbereich des Balkans bis nach Griechenland, im Flach- und Hügelland. Vor allem in stark besonnten, steinigen, mit Gestrüpp bewachsenen Trockenhängen, Geröllhalden oder an Steinmauern und Wegrändern.
Wissenswertes Wurde früher auch als *H. laurenti* bezeichnet. Tagaktive, flinke, den Boden bewohnende, aber auch gut kletternde Natter. Nahrung aus Eidechsen, Mäusen, Jungvögeln und Heuschrecken. Gelegegröße 4–10 Eier.
Verwechslungsarten Siehe Gelbgrüne Zornnatter, S. 206.
Weitere Arten Die früher als Unterart geltende **Gyaros-Zornnatter** (*H. gyarosensis*, Verbreitung in Blau) kommt nur auf der griechischen Kykladeninsel Gyaros vor.

Gelbgrüne Zornnatter

Hierophis viridiflavus
Nattern *Colubridae*

> 120–180 cm
> Zornnattern (ehemalige Gattung *Coluber*)
> Netzartige, gelbgrüne und schwarze Oberseite; Schwanz mit feinen Längsstreifen; 19 Schuppenreihen

Merkmale Große, schlanke Natter mit abgesetztem, länglichem Kopf, großen Augen und runden Pupillen. Lang ausgezogener Schwanz, der sich durch eine feine, schwarzgelbe Längsstrichelung optisch vom Körper abhebt. Rumpf meist mit einem kräftig gelben bis gelblich grünen Netz- oder Querbändermuster auf schwarzem Grund; Kopf schwarz und gelb gesprenkelt. Nicht selten sind aber auch Exemplare mit einfarbig schwarzer Oberseite (früher fälschlicherweise als eigene Unterart, *Coluber v. carbonarius*, bezeichnet). Jungtiere (Foto oben) olivfarben bis hellgrau, mit kräftiger, schwarzer Kopfzeichnung und dunklen Flecken, vor allem am Vorderkörper. Bauch gelblich bis grau, an den Seiten oft dunkel gefleckt. 19 ungekielte Rückenschuppen um die Körpermitte.

Lebensraum Von Nordostspanien über Frankreich und Italien (einschließlich aller großen und vieler kleinen tyrrhenischen Inseln) bis nach Kroatien verbreitet. Vor allem in Macchia-ähnlichen Gebieten, vegetationsreichen Trockenhängen, aber auch in Gärten, an Waldrändern, Ruinen und Straßenböschungen, vom Flachland bis in Höhenlagen von 1500 m.

Wissenswertes Temperamentvolle, tagaktive und sehr flinke Schlange, die sich vor allem von Eidechsen, jungen Säugern und Vögeln, aber auch von anderen Schlangen, Fröschen, Schnecken und Insekten ernährt. Kleine Beute wird lebend verschlungen, größere erst durch Umschlingen erwürgt. Vor allem bodenbewohnend, kann aber auch gut im Gestrüpp klettern. Beim Fang versucht die ansonsten harmlose Schlange sofort zu beißen (Zornnatter!). Die Paarung findet im April/Mai statt. Das Gelege besteht aus 5–15 Eiern, die im Sommer unter Steinen oder Totholz abgesetzt werden. Die etwa 20 cm langen Jungen schlüpfen nach 1–2 Monaten und ernähren sich überwiegend von kleinen Echsen und Heuschrecken. Winterruhe von Oktober bis März.

Verwechslungsarten Andere Zornnattern. Balkan-Zornnatter kleiner, am Vorderkörper mit vielen kleinen, dunklen, in der Mitte meist weiß gestrichelten bzw. getupften Flecken; Bauchschilder am Rand schwarz gepunktet. Kaspische Zornnatter mit einfarbig gelben oder roten Bauchschildern, am Rand nie schwarz gepunktet.

Schwarz gefärbtes Exemplar („carbonarius"-Variante)

Exemplar aus den italienischen Abruzzen

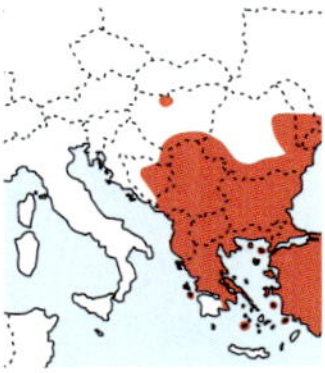

Kaspische Zornnatter

Dolichophis caspius
Nattern *Colubridae*

> 100–250 cm
> Zornnattern (ehemalige Gattung *Coluber*)
> Körper und Schwanz fein längs gestreift erscheinend; Bauch ohne Flecken; 19 Schuppenreihen

Merkmale Längste Schlange Europas, trotz ihrer Größenausmaße (maximaler Körperdurchmesser von 4–5 cm) durch den langen und fein ausgezogenen Schwanz schlank wirkend. Auf manchen Ägäisinseln leben Populationen mit Exemplaren, die in der Regel unter 1 m bleiben. Relativ kleiner, vom Körper wenig abgesetzter Kopf und große, markante Augen mit runden Pupillen. Oberseite ausgewachsener Exemplare meist silbergrau bis blaugrau oder rötlich bis dunkelbraun, ohne auffällige Fleckenzeichnung. Die einzelnen, schwarz gerandeten Schuppen haben jeweils ein längliches, helles Zentrum, so dass der gesamte Körper einschließlich Schwanz fein längs gestrichelt erscheint. Kopf zuweilen rötlich oder orangefarben. Jungtiere mit deutlichen, relativ weit voneinander entfernten, barrenartigen Rückenflecken auf hellem Grund, aber ohne Kopfzeichnung wie bei den ansonsten ähnlichen Jungtieren der Gelbgrünen Zornnatter (siehe S. 206). Bauch einfarbig gelb, orangerot, bräunlich oder schwarz, gänzlich fleckenlos. 19 ungekielte Rücken-

schuppen um die Körpermitte.
Lebensraum Im südöstlichen Balkangebiet (fehlt aber auf dem Peloponnes) und auf vielen Ägäisinseln (fehlt z. B. auf Kreta und Rhodos), nach Osten entlang der Schwarzmeerküste bis zum Kaukasus; ein isoliertes Vorkommen soll sich in der Nähe von Budapest (Ungarn) befinden. Im Flach- und Hügelland bis maximal 1600 m, v. a. in stark besonnten, steinigen und mit dichtem Gestrüpp bewachsenen Trockenhängen, in lichten Laubwäldern oder dornigen Buschlandschaften.
Wissenswertes Tagaktiver, sehr agiler und wendiger Jäger, der vor allem am Boden lebt, aber auch sehr gut im Gebüsch klettert. Wie alle Zornnattern äußerst temperamentvoll; in die Enge getriebene Tiere schnellen sich bis zur halben Körperlänge in die Höhe (Zweitname Springnatter) und beißen beim Ergreifen heftig zu. Im Gelände oft nur durch das laute Fluchtgeräusch wahrzunehmen. Die Nahrung besteht vor allem aus Eidechsen und anderen Schlangen, aber auch aus jungen Vögeln, Säugetieren und selbst großen Insekten. Nach der Paarung im Mai werden etwa 6–12 Eier im Sommer an versteckten Plätzen abgesetzt. Im September schlüpfen die Jungtiere, die sich vor allem von Heuschrecken und kleinen Reptilien, z. B. Johannisechsen, ernähren. Winterruhe von Oktober bis April.
Weitere Arten Die in der Türkei lebende **Pfeilnatter** (*D. jugularis*), als deren Unterart die Kaspische Zornnatter früher betrachtet wurde, ist für Europa nur von der kleinen, vorgelagerten griechischen Insel Agathonisi nachgewiesen.

Portrait

In die Enge getriebene Springnattern springen auf den Gegner zu.

Europäische Katzennatter

Telescopus fallax
Nattern *Colubridae*

> 60–100 cm
> Katzennattern
> Pupillen senkrecht schlitzförmig; Kopf deutlich vom schlanken Rumpf abgesetzt; 17–21 Schuppenreihen

Merkmale Grazile Natter mit flachem, eiförmig vom Rumpf abgesetztem Kopf und trapezförmigem Körperquerschnitt. Augen mit senkrecht schlitzförmigen Pupillen. Oberseite hellgrau, bräunlich oder beigefarben mit dunklem Nackenfleck und barrenförmigen Rücken- und Seitenflecken, z. T. nur schwach ausgeprägt. Bauch weißlich bis gelblich mit dunklen Flecken. 17–21 ungekielte Rückenschuppen um die Körpermitte.
Lebensraum Entlang der Adriaküste von Istrien bis Griechenland, im steinigen Flach- und Hügelland, z. B. in besonnten, mit Büschen bewachsenen Trockenhängen, an Steinmauern oder in Geröllhalden.
Wissenswertes Vor allem nachts aktive Trugnatter, die sich überwiegend von schlafenden Echsen ernährt und deren Gift die Beute nach 2–3 Minuten lähmt. Durch die hinten stehenden („opistoglyphen") Giftzähne kommt es kaum zu Bissunfällen mit Menschen.
Unterarten Die Nominatform *T. f. fallax* bewohnt den größten Teil Europas, *T. f. multisquamatus* und *T. f. pallidus* Kreta und Nachbarinseln.

Kopfbinden-Zwergnatter

Eirenis modestus
Nattern *Colubridae*

> 50–60 cm
> Zwergnattern
> Grazil; Kopf kaum abgesetzt; Körper braun, schwarzes Halsband und Kopffleck; 17 Schuppenreihen

Merkmale Äußerst grazile, „bleistiftdünne" Natter mit kleinem, kaum vom Rumpf abgesetztem Kopf und großen runden Pupillen. Oberseite einfarbig hell- bis graubraun, grünlich oder beigefarben mit charakteristischem schwarzem Halsband und oft zweigeteiltem Fleck auf den großen Kopfschildern (bei alten Tieren oft undeutlich). Bauch glänzend weißlich bis gelblich. 17 Rückenschuppen um die Körpermitte.

Lebensraum In Europa nur auf wenigen, der Türkei vorgelagerten griechischen Inseln, z. B. Samos, Chios oder Lesbos. Im Flach- und Bergland bis maximal 1800 m, v. a. in sonnigen, spärlich bewachsenen Trockenhängen oder auf steinigen Geröllflächen.

Wissenswertes Tagaktive, bodenbewohnende, versteckt unter Steinen lebende Schlange, die sich v. a. von Insekten, Skorpionen und anderen Gliederfüßern, aber auch kleineren Echsen ernährt. Paarungszeit im Mai und Juni, das kleine Gelege besteht aus 3–5 lang gestreckten Eiern, die unter Steinen abgesetzt werden. Die Jungschlangen sind nur 8–10 cm lang.

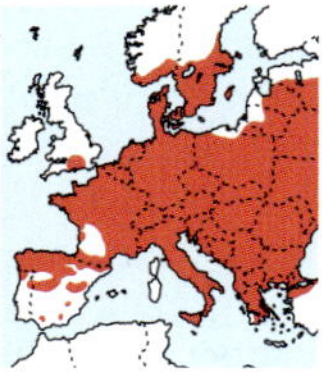

Schlingnatter, Glattnatter

Coronella austriaca
Nattern *Colubridae*

> 50–90 cm
> Schlingnattern
> U-förmiger, hinten offener Nackenfleck; Streifen vom Nasenloch zum Hals; 19 Reihen glatter Schuppen

Merkmale Relativ kleine (nur selten über 70 cm lange), aber muskulöse, glattschuppige Natter mit kaum vom Körper abgesetztem, länglichem Kopf und runden Pupillen. Oberseite variabel, Männchen meist unscheinbar hellgrau oder hell- bis rötlich braun, Weibchen dunkelgrau bis schwarzbraun. Charakteristische dunkle Kopf- und Nackenzeichnung, bestehend aus einem „kronenartigen" (*Coronella*; lat. = Krönchen), mehr oder weniger hufeisenförmigen, nach hinten geöffneten Nackenfleck sowie einer deutlichen, vom Nasenloch über das Auge zum Hals verlaufenden Schrägbinde; z. T. auch eine undeutliche Zügelzeichnung auf der Oberseite der Schnauze. Rücken mit einer oder mehreren Längsreihen dunkler, barrenartiger Flecken, die vorne meist kräftiger sind und auch die Form eines Zickzack-Bandes annehmen können (Kreuzottern-ähnlich). Seltener sind die Rückenflecken zu Querbinden (früher als „fasciata"-Variante bezeichnet) oder Längsstreifen verbunden („taeniata"-Variante). Auch Individuen mit markantem hellrotem, schwarz umrandetem Rückenmuster oder zeichnungslose Exemplare treten auf. Unterseite einfarbig, beim Weibchen hellgrau bis fast schwarz, beim Männchen rötlich braun (z. T. fein punktiert), bei Jungtieren intensiv ziegelrot. Kopf mit großen Schildern bedeckt. 19 ungekielte Rückenschuppen um die Körpermitte.

Lebensraum Besitzt neben Kreuzotter und Ringelnatter das größte Verbreitungsgebiet aller europäischen Schlangen. Von Nordportugal über weite Teile des südlichen und zentralen Europas (einschließlich Südskandinavien) bis zum Kaukasus und Ural. In Mitteleuropa in tiefen und mittleren Lagen bis maximal 1800 m, in Spanien vor allem im Hügel- und Bergland (maximal 2700 m). Bevorzugt sonniges, versteckreiches Gelände, z. B. Weinberge, Magerrasen, Bahndämme, Steinbrüche oder lichte Wälder. Häufig in felsigen Habitaten mit dichter Vegetation und offenen Stellen.

Wissenswertes Tagaktive, relativ langsame, versteckt lebende Natter, die vor allem bei schwüler Witterung oder in den späten Morgen- und Abendstunden anzutreffen ist. Ungiftig und harmlos, wehrt sich aber beim Ergreifen durch Beißen. Die Nahrung besteht v. a. aus Eidechsen, Blindschleichen, kleinen Schlangen und Kleinsäugern, die Jungtiere fressen fast ausschließlich kleine Echsen. Die Beute wird vor dem Verschlingen meist erdrosselt. Lebend gebärende Art, die sich im Frühjahr nach einer von Oktober bis April dauernden Winterruhe paart und im Spätsommer 3–14 Jungtiere absetzt.

Schlingnatter in ihrer natürlichen Umgebung

Unterarten Die Nominatform *C. a. austriaca* bewohnt den größten Teil Europas, *C. a. fitzingeri* wurde aus Sizilien und Süditalien beschrieben, *C. a. acutirostris* von der Iberischen Halbinsel.

Verwechslungsarten Girondische Schlingnatter mit nach vorn geöffneter, U-förmiger Nackenzeichnung und teilweise gefleckter Unterseite. Kapuzennatter mit senkrecht ovaler Pupille und kapuzenähnlicher Nackenzeichnung. Kreuzotter mit gekielten Körperschuppen, senkrecht schlitzförmiger Pupille und kleinen Kopfschuppen (neben einigen größeren Schildern).

Exemplar mit der charakteristischen Schrägbinde am Kopf

Girondische Schlingnatter

Coronella girondica
Nattern *Colubridae*

> 40–80 cm
> Schlingnattern
> U-förmiger Nackenfleck, nach vorn offen; „Schnauzenzügel"; Bauch gefleckt; 21 Reihen glatter Schuppen

Merkmale Sehr ähnlich der Schlingnatter (siehe S. 212), aber kleiner und schlanker (meist nur 50 cm lang), mit dunkler, hufeisenförmiger Nackenzeichnung, die vorne offen, nach hinten geschlossen ist. Deutlicher „Zügelstreif" quer über die Schnauze; seitliche Kopfbinde, die vom Hals nur bis zum Auge (nicht bis zum Nasenloch) reicht. Oberseite gelblich, ockerfarben, grau oder rötlich braun mit kräftiger Zeichnung aus dunklen, unregelmäßigen Flecken und Querbarren. Unterseite gelblich bis orangerot mit kräftigem „Würfel"-Muster aus schwarzen, z. T. in 2 Linien angeordneten Flecken. 21 ungekielte Rückenschuppen um die Körpermitte.

Lebensraum Iberische Halbinsel, Südfrankreich und Italien, außerdem Sizilien und Nordwestafrika, meist in tiefen und mittleren Lagen, selten bis 2100 m. In buschreichen, sonnigen Geröllhängen, Steinbrüchen, an Straßenböschungen und auf verwildertem Kulturland lebend.

Wissenswertes Im Gegensatz zur Schlingnatter Eier legend; Gelege aus 5–10 Eiern.

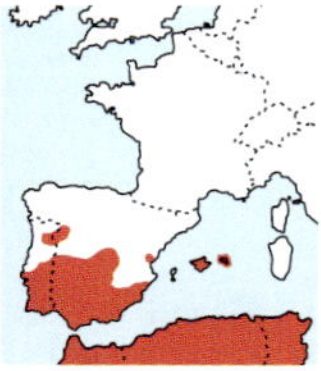

Kapuzennatter

Macroprotodon cucullatus
Nattern *Colubridae*

> 40–65 cm
> Kapuzennattern
> Senkrecht ovale Pupillen; schwarze Kapuzenzeichnung; Bauch gefleckt; 19–23 Reihen glatter Schuppen

Merkmale Kleine, relativ kräftige Natter mit abgeflachtem, wenig vom Körper abgesetztem Kopf und (bei starkem Licht) senkrecht ovalen Pupillen. Oberseite bräunlich oder hellgrau mit kleinen, dunklen, oft undeutlichen Flecken sowie schwarzem, kapuzenartigem Nackenband. Unterseite gelblich bis rötlich, mit schwarzem „Würfel"-Muster. 19–23 ungekielte Rückenschuppen um die Körpermitte.
Lebensraum Süden und Südwesten der Iberischen Halbinsel, auf den Balearen und in Nordafrika. Im Flach- und Hügelland bis maximal 1500 m, v. a. in trockenen, mit Büschen bewachsenen Lebensräumen, aber auch in Menschennähe auf Agrarland, an Steinmauern und in Ruinen.
Wissenswertes Nacht- und dämmerungsaktive Trugnatter, die Geckos und schlafende Eidechsen erbeutet. Das Gift lähmt die Beute nach wenigen Sekunden, doch treten durch die hinten stehenden („opistoglyphen") Giftzähne Bissunfälle mit Menschen kaum auf.
Unterarten In Europa lebt *M. c. ibericus*, in Afrika die Nominatform und 2 weitere Unterarten.

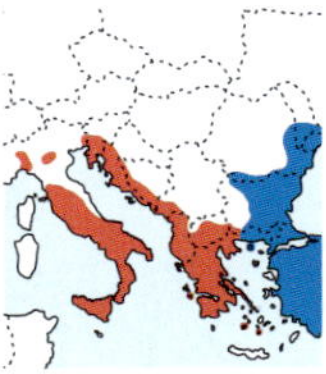

Vierstreifennatter

Elaphe quatuorlineata
Nattern *Colubridae*

> 130–260 cm
> Kletternattern
> Rücken braun mit 4 dunklen Längsstreifen; Jungtiere gefleckt; 25 Reihen schwach gekielter Schuppen

Merkmale Sehr große und kräftige Natter, aber nur selten über 160 cm lang. Kräftiger, lang gezogener und deutlich vom Rumpf abgesetzter, oberseits mit großen Schildern besetzter Kopf sowie runde Pupillen. Oberseite bräunlich, meist ockerfarben, gelblich braun oder grau- bis orangebraun mit kräftiger Rückenzeichnung aus 4 dunkelbraunen Längsstreifen, die sich in Richtung Schwanzende langsam auflösen; seitlich am einfarbig braunen Kopf mit einem dunklen Schläfenband. Jungtiere kontrastreich gefärbt, ohne Längsstreifung, aber Kopf mit kräftiger Hell-Dunkel-Zeichnung, Rumpf mit dunklen Flecken und Querbarren. Unterseite gelblich, oft dunkel gesprenkelt. 25 (selten auch nur 23 oder 27) schwach, aber sichtbar gekielte Rückenschuppen um die Körpermitte.

Lebensraum Zentrales und südliches Italien (einschließlich Sizilien) sowie westliche Teile des Balkans (entlang der gesamten Adriaküste bis Griechenland). Im warmen, trockenen oder mäßig feuchten Flach- und Hügelland bis maximal 1400 m, vor allem in lichten Laubwäldern, felsigen, vegetationsreichen Berghängen, an Weg- und Waldrändern oder Steinmauern, häufig in der Nähe von Gewässern vorkommend.

Wissenswertes Relativ träge, vor allem am Boden lebende, aber auch im Gebüsch oder zwischen Steinen kletternde Schlange, die v. a. tag- und dämmerungsaktiv ist. Ungiftige, harmlose Natter, die beim Ergreifen kaum einmal zubeißt, sondern nur drohend zischt. Die Nahrung aus Kleinsäugern, Vögeln oder Echsen wird durch Umschlingen und Erdrosseln getötet. Die Weibchen legen 5–16 Eiern im Juli/August unter Steinen ab. Im mittelitalienischen Cucullo werden Nattern dieser Art bei kultischen Schlangenprozessionen zu Ehren des Gründers des Dominikanerordens, des Heiligen Dominikus, herumgetragen.

Unterarten Die Nominatform *E. q. quatuorlineata* bewohnt fast das gesamte Verbreitungsgebiet, die kleinere Zwerg-Vierstreifennatter *E. q. muenteri* kommt auf den meisten Inseln der griechischen Kykladen vor. Die bezüglich ihrer Zuordnung umstrittenen *E. q. scyrensis* von Skyros und die fast streifenlose, manchmal sogar als eigene Art betrachtete *E. q. rechingeri* von Amorgos (z. T. auch als Unterart der Äskulapnatter betrachtet) gehören vermutlich zu der zuletzt genannten Unterart.

Weitere Arten Die vom östlichen Balkangebiet bis nach Turkmenien verbreitete **Fleckennatter** (*Elaphe sauromates*, Verbreitung in Blau) galt bis vor kurzem noch als östliche Unterart der Vierstreifennatter, ist aber jetzt als eigene Art anerkannt. Sie besitzt anstatt der Längsstreifenzeichnung ein kräftiges Muster aus unregelmäßigen, dunklen Querbarren und ovalen Flecken, die im Alter zunehmend verblassen.

Halbwüchsiges Exemplar mit „Übergangszeichnung“ (Längsstreifen und Querbarren)

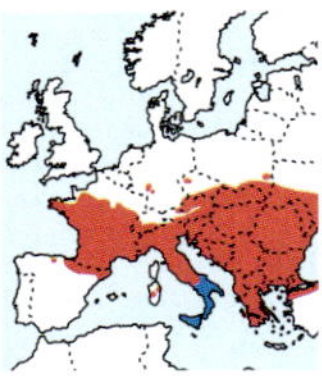

Äskulapnatter

Zamenis longissimus
Nattern *Colubridae*

> 130–200 cm
> Kletternattern (ehemalige Gattung *Elaphe*)
> Körper bräunlich bis grau, feine Zeichnung aus hellen Längsstricheln; 23 Reihen ungekielter Schuppen

Merkmale Große, kräftige, aber dennoch schlank und geschmeidig wirkende Natter, die in Mitteleuropa in der Regel Längen um 140 cm, maximal aber 160 cm erreicht (Männchen meist etwas größer). Kleiner, schmaler, aber deutlich vom Rumpf abgesetzter Kopf mit runden Pupillen. Oberseite glatt und glänzend, meist mehr oder weniger einfarbig gelblich braun, olivfarben oder grau- bis schwarzbraun, manchmal mit einem undeutlichen Flankenlängsband. Viele Rücken- und Flankenschuppen besitzen weiße Ränder, wodurch eine charakteristische feine Zeichnung aus hellen Längsstrichen entsteht. Jungtiere fallen durch große, dunkle Rückenflecken und zwei hellgelbe Nackenflecken (ähnlich der Ringelnatter) auf. Unterseite weißlich oder gelblich, bei sehr dunklen Exemplaren auch blauschwarz. 23 (selten 21) ungekielte Rückenschuppen um die Körpermitte. Bauchschuppen an den Seiten jeweils mit schwachem Kiel.
Lebensraum Von Nordspanien über weite Teile Mittel- und Südeuropas bis nach Kleinasien. In Deutschland sehr selten, aus-

schließlich in kleinen Reliktvorkommen in klimatisch begünstigten Lagen im südlichen Odenwald, im Taunus (Schlangenbad), in der Nähe von Passau sowie am unteren Inn und an der unteren Salzach. Vor allem im Hügel- und Flachland, meist unterhalb von 1000 m (selten bis maximal 2000 m), häufig in Gebieten mit feuchtwarmen Klimabedingungen wie vegetationsreiche Flusstäler, lichte Laubwälder, Waldränder mit Efeu- und Brombeergestrüpp oder verbuschte Hangwiesen, aber auch in Menschennähe, z. B. in Gärten, Ruinen oder an Straßenböschungen und bewachsenen Steinmauern vorkommend.

Wissenswertes Vor allem am Boden lebende, mit Hilfe ihrer gekielten Bauchschuppen aber auch geschickt im Gestrüpp oder an Baumrinde kletternde Natter, die tag- und dämmerungsaktiv ist. Kann kräftig zubeißen, ist aber ungiftig und in der Regel wenig aggressiv. Die sich um den Äskulapstab windende Schlange, das Berufssymbol der Ärzte, wird oft auf diese Art zurückgeführt. Die Nahrung besteht v. a. aus Kleinsäugern wie Mäusen und Ratten sowie aus Vögeln. Jungtiere fressen vor allem Eidechsen. Größere Beute wird zunächst umschlungen und erdrosselt. Paarungszeit nach fünf- bis sechsmonatiger Winterruhe im Mai und Juni, mit eindrucksvollen, aber harmlosen „Kommentkämpfen" der Männchen, die sich im gegenseitigen Kräftemessen versuchen zu Boden zu drücken. Ende Juli werden 5–12 Eier in moderndem Holz oder im feuchten Boden unter Steinen abgelegt.

Jungtiere besitzen ähnlich den Ringelnattern eine Halbmondzeichnung im Nacken.

Weitere Arten Die etwas hellere, unterseits grau gefärbte **Italienische Äskulapnatter** (*Zamenis lineatus*, Verbreitung in Blau) wurde erst vor kurzem als eigene Art von der Äskulapnatter abgetrennt. Sie bewohnt, direkt an deren Verbreitungsgebiet angrenzend, das südliche Italien (einschließlich Sizilien, nördlich bis Neapel und zur Gargano-Halbinsel).

Ausgewachsene Schlange mit der typischen Längsstrichel-Zeichnung

Leopardnatter

Zamenis situla
Nattern *Colubridae*

> 70–100 cm
> Kletternattern (ehemalige Gattung *Elaphe*)
> Rückenmitte mit großen, rotbraunen, schwarz umrandeten Flecken; 27 Reihen ungekielter Schuppen

Merkmale Mittelgroße, relativ schlanke, auffällig leopardenartig gezeichnete Natter mit schmalem, lang gezogenem, kaum vom Rumpf abgesetztem Kopf und runden Pupillen. Grundfärbung der Oberseite gelblich, bräunlich, blaugrau oder hellgrau, in der Rückenmitte mit einer regelmäßigen Reihe von großen, quer gestellten, orangeroten oder braunen, schwarz umrandeten Flecken; seitlich mit kleineren, schwarzen Flankenflecken. Seltener treten Exemplare auf, bei denen die ovalrunden Rückenflecken hantelförmig, zweigeteilt oder zu 2 getrennten, schwarz umrandeten Längsstreifen verschmolzen sind. Kopf mit einer kräftigen Zeichnung aus 2 schwarzen, nach hinten offenen, winkelig angeordneten Querbinden. Unterseite im vorderen Bereich gelblich, im mittleren und hinteren Bereich dunkler, fast schwarz werdend. 27 (selten 25) ungekielte Rückenschuppen um die Körpermitte.

Lebensraum In Süditalien (einschließlich Sizilien und Malta) und auf der westlichen und südöstlichen Balkanhalbinsel (inklusive vieler Ägäisinseln wie die Kykladen und Kreta), östlich bis zur Ukraine und nach Kleinasien. Vor allem im Tiefland bis 600 m (nur selten bis 1000 m), in besonnten, vegetations- und deckungsreichen, trocken-warmen bis mäßig feuchten Lebensräumen wie verwilderte Gärten, bewachsene Geröllhänge, lichte Laubwälder, Ruinen oder Steinmauern, häufig auch in der Nähe von Bächen, Flüssen oder Brunnen.

Wissenswertes Vor allem bodenlebende, aber auch gut kletternde, tag- und dämmerungsaktive Natter mit relativ langsamer Bewegungsweise. Ungiftig und nicht sehr aggressiv, kann aber beim Ergreifen kräftig zubeißen. Als Drohreaktion vibriert sie zunächst mit der Schwanzspitze. Die Nahrung besteht fast ausschließlich aus kleinen Säugern, z. B. Mäusen, v. a. Jungtiere fressen aber auch Eidechsen. Paarungen erfolgen nach einer mehrmonatigen Winterruhe im April und Mai. Ende August schlüpfen aus den kleinen Gelegen mit nur 3–5 Eiern ungewöhnlich große, bereits über 30 cm lange Jungschlangen. Bereits im September verschwinden die Tiere in den Winterquartieren.

Verwechslungsarten Durch das markante Rückenmuster kaum zu verwechseln, am ehesten noch mit Jungtieren der Hufeisennatter, die aber nicht im selben Verbreitungsgebiet vorkommen.

Leopardnattern zählen zu den farblich ansprechendsten Schlangen Europas.

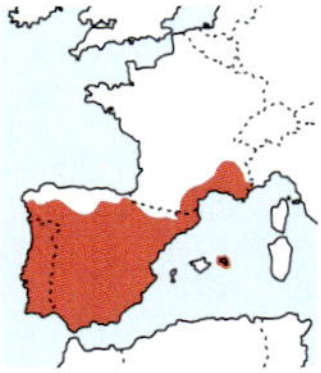

Treppennatter

Rhinechis scalaris
Nattern *Colubridae*

> 100–160 cm
> Kletternattern (ehemalige Gattung *Elaphe*)
> 2 dunkle Rückenlängsstreifen; Jungtiere mit treppenartigem Muster; 27 Reihen ungekielter Schuppen

Merkmale Große, relativ kräftige Natter (meist unter 120 cm lang) mit gering vom Rumpf abgesetztem, durch die leicht zugespitzte Schnauze aber dreieckig wirkendem Kopf sowie runden Pupillen. Oberseite gelblich oder dunkel- bis rötlich braun mit einer meist kräftig entwickelten Rückenzeichnung aus 2 dunkelbraunen, bis zum Schwanzende reichenden Längsstreifen. Jungtiere mit schwacher Schläfenbinde und einem markanten strickleiter- oder treppenartigen Muster (daher der Name Treppennatter) aus dunklen, H-förmigen Flecken, deren Querbalken mit zunehmendem Alter verblassen. Unterseite weißlich bis gelblich, bei Jungtieren mit schwarzen Punkten, bei ausgewachsenen Tieren in der Regel einheitlich silbergrau ohne Fleckung. 27 (selten auch 25 oder 29) ungekielte Rückenschuppen um die Körpermitte.

Lebensraum Iberische Halbinsel (einschließlich Menorca) sowie Südfrankreich, von Meereshöhe bis maximal 2200 m. Vor allem auf trocken-warmen, steinigen und zugleich vegetationsreichen Geröllflächen, z.B. in verwilderten Weinbergen, Hecken, lichten Korkeichenwäldern, Ruinen, an bewachsenen Steilhängen, Legesteinmauern oder im aufgelassenen Kulturland.

Wissenswertes Tag- und dämmerungsaktive, flinke und aggressive Natter, die beim Ergreifen schnell und heftig zubeißt, aber ungiftig ist. Vor allem bodenlebend, klettert aber auch an Büschen und Mauern. Die Nahrung besteht v.a. aus Kleinsäugern und Vögeln; große Beutetiere werden umschlungen und durch Erdrosseln getötet. Nach einer Winterruhe von 4–5 Monaten finden im April und Mai die Paarungen statt. Im Juli und August setzen die Weibchen ihre Gelege aus 5–25 Eiern im Boden ab. Nach 2–3 Monaten schlüpfen die Jungschlangen mit Längen zwischen 10 und 25 cm. Die Jungen ernähren sich v.a. von Echsen und größeren Insekten wie Heuschrecken und Grillen.

Verwechslungsarten Durch das charakteristische Rückenmuster sowohl im juvenilen als auch ausgewachsenen Zustand kaum zu verwechseln. Die Jungtiere ähneln durch die markante Fleckenzeichnung am ehesten noch der Girondischen Schlingnatter.

Frisch gefangene, fast ausgewachsene Treppennatter

Charakteristisches „Treppenmuster" bei einem Jungtier

Eidechsennatter

Malpolon monspessulanus
Nattern *Colubridae*

> 160–230 cm
> Eidechsennattern
> „Adlerblick“ durch Überaugenkante; Stirnschild lang, schmal; 17–19 Reihen ungekielter Schuppen

Merkmale Sehr große und kräftige, aber relativ schlank wirkende Natter mit schmalem, wenig vom Rumpf abgesetztem Kopf. Weibchen werden meist nicht mehr als 140 cm, Männchen nur selten mehr als 190 cm lang. Deutlich vorspringende Überaugenschilder bilden eine dachartige Kante und sind zusammen mit den großen Augen und runden Pupillen für den typischen „Adlerblick“ verantwortlich. Weiterhin charakteristisch für diese Art ist das ungewöhnlich lange, schmale und tief liegende Stirnschild. Oberseite mehr oder weniger einfarbig hell- bis dunkelgrau, oliv-, schwarz-, grau- oder rötlich braun, v. a. die Flanken der Weibchen oft auch mit dunklen, hell gesäumten Punkten. Jungtiere mit dunkler, schmal hell gesäumter Kopfzeichnung und dunklen Rückenflecken. Unterseite weißlich bis gelblich, meist kräftig dunkel gefleckt oder marmoriert. 17–19 ungekielte Rückenschuppen um die Körpermitte.

Lebensraum Von Nordafrika und Spanien über Südfrankreich bis zum Balkan (nicht auf der Apenninenhalbinsel); außerdem bis nach

Kleinasien und in den Kaukasus. Vor allem in tiefen und mittleren Lagen, seltener in Höhenlagen bis maximal 2200 m. Anpassungsfähige, in trocken-warmen, vegetationsreichen Habitaten lebende Schlange, z. B. in großen Flussebenen, verbuschten Hangwiesen, an Waldrändern, mit Gestrüpp bewachsenen Steinmauern, Straßenböschungen oder auf Agrarflächen.
Wissenswertes Tagaktive, bodenlebende, außergewöhnlich flinke und scheue Natter, die eine große Fluchtdistanz besitzt und das Gelände mit hoch aufgerichtetem Vorderkörper kontrolliert. Oft hört man nur das laute Geräusch der rasant fliehenden Schlange. Giftige Trugnatter, doch stehen die kurzen, „opistoglyphen" Giftzähne relativ weit hinten im Kiefer. Bei Bedrohung zischt diese Natter laut und kräftig, bevor sie zubeißt. Das Gift ist für die v. a. aus Eidechsen und Schlangen (daneben auch kleinen Nagetieren und Vögeln) bestehende Beute sehr wirksam; Bissunfälle beim Menschen verlaufen mit lokalen Schwellungen meist glimpflich. Paarungen erfolgen nach der Winterruhe im April und

Griechische Eidechsennatter (M. m. fuscus)

Mai; im Juli und August werden die Gelege aus etwa 8–18 Eiern im feuchten Bodensubstrat abgesetzt.
Unterarten Die Nominatform *M. m. monspessulanus* (mit 19 Rückenschuppenreihen) bewohnt das westeuropäische Verbreitungsgebiet (bis Nordwestitalien), während *M. m. fuscus* (mit 17 Rückenschuppenreihen) den Osten (Balkangebiet) besiedelt. Als 3. Unterart kommt *M. m. insignitus* in Teilen Afrikas und in der Levante vor.
Verwechslungsarten Durch den charakteristischen „Adlerblick" kaum zu verwechseln.

Halbwüchsiges Exemplar aus Spanien (M. m. monspessulanus)

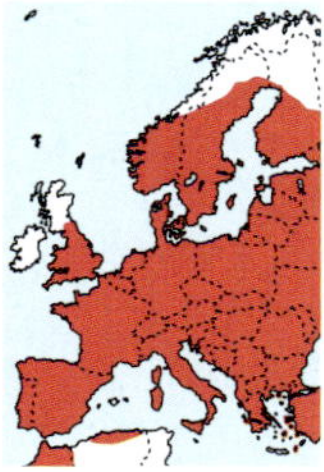

Ringelnatter

Natrix natrix
Nattern *Colubridae*

- 60–160 cm
- Schwimmnattern
- Nacken mit schwarzgelbem Halbmondfleck; Nasenlöcher seitlich gerichtet; 19 Reihen gekielter Schuppen

Merkmale Relativ große und kräftige Natter mit ovalem, deutlich vom Körper abgesetztem Kopf, runden Pupillen und großen, glatten, zeichnungslosen Kopfschildern. Die Länge der Männchen beträgt meist nur 60–80 cm, die der Weibchen 80–140 cm; die größten bisher bekannten Exemplare (Weibchen) sollen eine Länge von 180 cm (Schweiz) bzw. 205 cm (Adriainsel Krk) bei einem Körperdurchmesser von 4–5 cm erreicht haben, doch scheinen diese Angaben etwas fraglich. Oberseite mitteleuropäischer Tiere grau, olivgrau, bräunlich grau oder schwarz mit einem Rückenmuster, das bei vielen Unterarten aus schwarzen Punkten und Flecken, bei *N. n. persa* aber aus 2 hellen Rückenlängsstreifen und bei *N. n. helvetica* aus breiten, dunklen Querbarren besteht. In der Nackenregion bei den meisten Unterarten (außer z. B. bei der spanischen, mehr oder weniger einfarbigen *N. n. astreptophora*) auf beiden Seiten ein charakteristischer gelber, manchmal auch weißer oder orangeroter, nach hinten breit schwarz begrenzter, halbmondförmiger Fleck, der auch zu einem breiten Nackenband verschmelzen kann. Unterseite weißlich grau mit dunklen rechteckigen Flecken (Schachbrettmuster). Schuppen gekielt, in der Regel in 19 Reihen um die Körpermitte.

Lebensraum In fast ganz Europa (im Norden bis zum 67. Breitengrad, fehlt aber auf einigen Mittelmeerinseln wie Kreta, Malta oder den Balearen), außerdem in Nordwestafrika und Vorderasien, im Osten bis zum Baikalsee. Meist flächendeckend verbreitet vom Flachland bis ins Hochgebirge, in Mitteleuropa in Höhen bis maximal 2000 m, in der spanischen Sierra Nevada sogar bis 3060 m. Vor allem in feuchten Lebensräumen, in und an stehenden oder langsam fließenden Gewässern wie Seen, Teiche, Bäche und Flüsse, aber auch weitab der Gewässer in Moorgebieten, den Auwaldbereichen großer Flusstäler, lichten Mischwäldern, Gärten, Parkanlagen und Steinbrüchen.

Totstellreflex

Wissenswertes Bodenlebende, v. a. tag- und dämmerungsaktive (z. T. aber auch nachtaktive) Wassernatter, die sehr gut schwimmt und taucht, generell jedoch weniger aquatisch lebt als die verwandten Viper- und Würfelnattern. Ungiftig und relativ scheu, flüchtet schnell und beißt beim Fang in der Regel nicht, sondern entleert eine übel

Exemplar aus Norditalien (N. n. helvetica)

Spanische Ringelnatter (N. n. astreptophora)

riechende, gelbliche Flüssigkeit aus der Kloake (Analdrüse). Ringelnattern haben eine große Zahl von Feinden, z. B. Greifvögel, Reiher, Störche, Rabenvögel, Iltisse, Igel, aber auch Raubfische wie Hecht, Wels und Barsch. Bei großer Gefahr zeigen die Tiere einen „Totstell-Reflex", wobei sie erschlaffen und die Zunge aus dem geöffneten Maul heraushängen lassen, teilweise tritt sogar etwas Blut aus. Sobald der Feind sein Interesse verliert, versucht die Schlange schnell zu entkommen. Die Nahrung besteht vor allem aus Fröschen, Kaulquappen, Molchen, Fischen und gelegentlich auch Eidechsen oder Kleinsäugern. In Mitteleuropa kommt es nach einer langen Winterruhe in frostfreien Verstecken meist ab April zu den ersten Paarungen. Manchmal bilden sich dabei große Paarungsgemeinschaften aus über 50 Tieren, in denen sich zahlreiche Männchen um wenige Weibchen bemühen. Die Gelege aus 30–50 Eiern werden von Juli bis August in verrottendem Pflanzenmaterial, z. B. modernden Baumstümpfen, Sägemehlhaufen oder Komposthügeln, abgesetzt. An geeigneten Stellen wurden schon riesige Gemeinschaftsgelege aus bis zu 3000 Eiern gefunden.

Unterarten Mehrere, heute oft umstrittene Unterarten der Ringelnatter, zwischen denen „Mischformen" auftreten, wurden bereits be-

Sizilianische Ringelnatter (N. n. sicula)

schrieben: Die Nominatform *N. n. natrix* (Foto S. 226) aus Nord-, Mittel- und Osteuropa (von Deutschland östlich des Rheins bis Russland), die **Barrenringelnatter** *N. n. helvetica* aus dem westlichen Europa (Deutschland westlich des Rheins, Teile Italiens, Frankreich, Alpenländer), *N. n. astreptophora* aus Spanien und Nordafrika, *N. n. sicula* aus Süditalien und Sizilien, *N. n. lanzai* aus zentralen Gebieten Italiens, *N. n. cetti* aus Sardinien, *N. n. corsa* aus Korsika, *N. n. gotlandica* aus Gotland, die **Streifenringelnatter** *N. n. persa* aus dem Balkangebiet (bis zum Kaukasus), die **Milosringelnatter** *N. n. schweizeri* von der Kykladeninsel Milos und *N. n. fusca* von der Kykladeninsel Kea. Manche Autoren erkennen neben den beiden „Inselformen" *N. n. cetti* und *N. n. corsa* lediglich eine östliche (*N. n. natrix*) und eine westliche (*N. n. helvetica*) Unterart an.

Verwechslungsarten Die beiden anderen europäischen Schwimmnattern (Unterfamilie *Natricinae*), Viper- und Würfelnatter, besitzen keine Halbmondzeichnung und eine andere Rückenfärbung. Sie leben aquatischer, ihre Nasenlöcher sind daher schräg nach oben gerichtet (bei der Ringelnatter seitlich gerichtet) und ihre Schuppen stärker gekielt (bei Ringelnattern sind zumindest die Schwanzschuppen oft ungekielt).

Schwärzlinge mit kaum erkennbaren Halbmondflecken treten häufiger auf.

Korsische Ringelnatter (N. n. corsa)

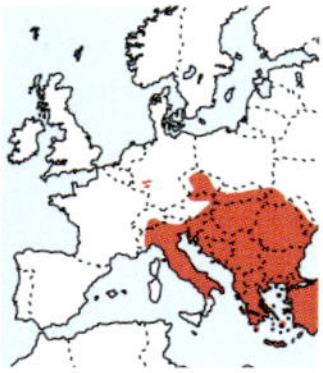

Würfelnatter

Natrix tesselata
Nattern *Colubridae*

> 60–150 cm
> Schwimmnattern
> Nasenlöcher nach oben gerichtet; dunkles Rückenfleckenmuster; 19 Reihen stark gekielter Schuppen

Merkmale Mittelgroße, relativ schlanke Natter mit länglichem, deutlich vom Körper abgesetztem, etwas kantig wirkendem Kopf. Pupillen rund, Nasenlöcher und Augen schräg nach oben gerichtet. Im weiblichen Geschlecht generell größer und kräftiger gebaut, die Länge alter Weibchen kann bis zu 1,5 m betragen, bleibt aber meist unter 80 cm. Oberseite braun, olivbraun, gelblich, rötlich, grau oder fast schwarz mit einem variablen, mehr oder weniger ausgeprägten „Würfelmuster“ aus dunklen, meist längs angeordneten Flecken, die manchmal auch zu Querbarren verschmelzen können und sich oft mit helleren Flecken abwechseln. Kopf undeutlich gefleckt, Nacken in der Regel mit einer V-förmigen Zeichnung. Unterseite weißlich, gelblich oder rötlich mit dunklem Schachbrett- oder Längslinienmuster, manchmal auch fast ganz schwarz. Schuppen stark gekielt, in der Regel in 19 (selten auch 17 oder 21) Reihen um die Körpermitte.

Lebensraum Südliches und südöstliches Europa, von Italien über den gesamten Balkan bis nach Zentralasien, außerdem isoliert in

Deutschland; dort sehr selten und vom Aussterben bedroht (ursprünglich nur an den Flüssen Mosel, Nahe, Lahn und Elbe; ein Wiederansiedlungsversuch wurde in neuerer Zeit bei Meißen durchgeführt). Im nördlichen Verbreitungsgebiet nur im klimatisch begünstigten Flach- und Hügelland, im Süden bis maximal 2200 m. Wärme liebende Schlange, die nur in unmittelbarer Nähe naturnaher, größerer Gewässer anzutreffen ist, v. a. in Flüssen, Seen und Altarmen mit Flachwasserzonen und gut strukturierten Uferbereichen, häufig an Schotterbänken mit Gebüsch und Totholz. In einigen Gebieten (z. B. an der bulgarischen Schwarzmeerküste) sogar im Salzwasser anzutreffen, wo sie sich von Meeresfischen ernährt.

Wissenswertes Tagaktive, flinke Wassernatter, die ausgezeichnet schwimmt und taucht; kann mehrere Stunden unter Wasser bleiben. Sonnt sich gern auf Büschen und Zweigen, die über die Wasseroberfläche ragen. Ungiftige, harmlose Schlange, die beim Ergreifen nicht zubeißt, sondern ähnlich wie die Ringelnatter ein übel riechendes Kloakensekret abgibt. Die Nahrung besteht hauptsächlich aus Fischen, daneben aber auch Fröschen, Molchen und Kaulquappen. Das Weibchen legt nach einer mehrmonatigen Winterruhe 5–25 Eier im feuchten Boden oder in verrottendem Pflanzenmaterial. Die Jungen schlüpfen nach 8–10 Wochen mit einer Länge von 15–25 cm.

Würfelnatter mit gefangenem Fisch, Griechenland

Exemplar vom Gardasee, Italien

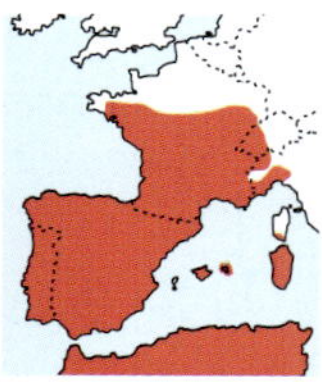

Vipernatter

Natrix maura
Nattern *Colubridae*

> 60–100 cm
> Schwimmnattern
> Nasenlöcher oben stehend; Zickzackmuster, seitlich Augenflecken; 21 Reihen stark gekielter Schuppen

Merkmale Kleinste der 3 europäischen Wassernattern mit relativ kräftigem Körper und breitem, vorne leicht zugespitztem, deutlich vom Rumpf abgesetztem Kopf. Nasenlöcher und Augen schräg nach oben gerichtet, Pupillen rund. Kopfoberseite wie bei den anderen Wassernattern mit großen Schildern bedeckt. Grundfärbung bräunlich, gelblich, olivfarben, orangerötlich oder grau. Rückenmitte variabel gezeichnet mit dunklem, vipernähnlichem Zickzackmuster, oft auch aufgelöst zu einem Balkenmuster aus 2 Reihen versetzt angeordneter, eckiger Flecken. An den Seiten mit einer Reihe alternierend stehender schwarzer Flecken, oft in Form von Augenflecken mit hellem Zentrum. Im südlichen Spanien auch mit 2 schmalen, parallel verlaufenden, gelblichen Rückenlängsstreifen. Am Kopf 1 oder 2 dunkle, V-förmige, nach hinten geöffnete Zeichnungselemente und ein dunkles Schläfenband. Unterseite weißlich grau, gelblich oder rötlich, schachbrettartig gemustert mit viereckigen, dunkelbraunen Flecken. Stark gekielte Rückenschuppen, in der

Regel in 21 (selten 19 oder 23) Reihen um die Körpermitte.

Lebensraum Westliches Europa, von Portugal über Spanien und Frankreich bis nach Oberitalien und in die südwestliche Schweiz; außerdem auf einigen Mittelmeerinseln (z. B. Sardinien, Balearen) sowie im nordwestlichen Afrika. Bewohnt ein breites Spektrum unterschiedlichster Lebensräume in und an stehenden oder fließenden Gewässern der tiefen und mittleren Lagen (in den Pyrenäen bis maximal 1600 m). Sowohl im Offenland (einschließlich Kulturland) als auch im Wald anzutreffen, häufig in den Uferzonen von Seen, Teichen, Süßwasserlagunen, Bächen oder Flüssen, in Galizien (Nordwestspanien) sogar auf kleinen, der Küste vorgelagerten Inseln im Atlantik.

Wissenswertes Wärme liebende, tagaktive Natter, auf der Iberischen Halbinsel eine der häufigsten Schlangenarten. Halbaquatische Lebensweise, kann ausgezeichnet schwimmen und tauchen. Die nach oben gerichteten Nasenöffnungen ermöglichen die Atmung, ohne den Kopf aus dem Wasser zu heben. Ernährt sich von Fischen sowie Amphibien und deren Larven. Drohverhalten in Form von Zischen, Abflachen von Kopf und Körper,

Vipernatter mit gefangenem Fisch, Pyrenäen

Scheinbissen mit geschlossenem Maul sowie Abgabe eines übel riechenden Kloakensekretes. Harmlose, ungiftige Schlange, trotz des Namens, der sich auf das eindrucksvolle Drohverhalten und die vipernähnliche Rückenzeichnung bezieht. Paarung nach drei- bis fünfmonatiger Überwinterung im zeitigen Frühjahr. Die Weibchen setzen von Juli bis August 5–20 Eier an feuchten Stellen im Boden oder in moderndem Holz ab. Nach 40–45 Tagen schlüpfen 15–20 cm lange Jungtiere, die sich hauptsächlich von kleinen Fischen ernähren.

Verwechslungsarten Siehe Ringelnatter, S. 226. Echte Vipern mit senkrecht schlitzförmigen Pupillen und kleinen Kopfschildern.

Exemplar aus Spanien

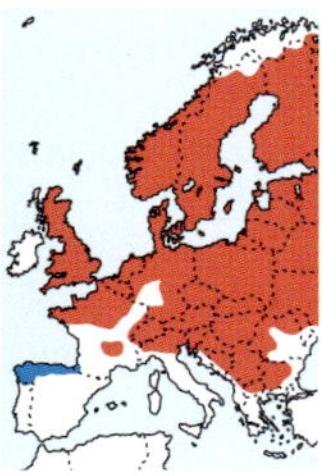

Kreuzotter

Vipera berus
Vipern *Viperidae*

> 50–85 cm
> Kreuzottern-Gruppe
> Schnauze nicht aufgewölbt; Pupillen senkrecht; Zickzackmuster; 21 Reihen gekielter Schuppen

Merkmale Kräftig gebaute, aber vergleichsweise schlank wirkende Viper mit kurzem, abgesetztem Schwanz. Weibchen größer und gedrungener als Männchen. Relativ schmaler, wenig vom Körper abgesetzter Kopf mit abgerundeter, nicht aufgewölbter Schnauze und senkrecht schlitzförmigen Pupillen. Oberseite sehr variabel, Grundfarbe braun, kupferfarben, blaugrau, schwarz („Höllenotter"), gelblich, olivgrün, orangefarben oder rot; Männchen generell kontrastreicher und in Grautönen, Weibchen eher rötlich braun. Rücken mit dunklem Zickzackband (auch Rauten- oder Wellenband), im Gegensatz zur Wiesenotter (siehe S. 236) in der Regel nicht schwarz umrandet. Flanken mit dunklen Punkten oder Flecken. X- oder V-förmige, mit der Spitze nach vorn zeigende Hinterkopfzeichnung und dunkles, von der Schnauze bis zum Hals reichendes Schläfenband. Bauch grau, bräunlich oder schwarz, z. T. weiß gefleckt, Schwanzunterseite gelb oder rötlich. Kopf oberseits mit kleinen Schuppen und einer Reihe größerer Schilder. Afterschild ungeteilt. 21 gekielte Rückenschuppen um die Körpermitte.

Lebensraum Besiedelt weltweit eines der größten Verbreitungsgebiete aller Schlangenarten, u. a. auch weite Teile Europas (im Norden bis zum Polarkreis, im Süden bis auf die Balkanhalbinsel), in den Alpen bis in etwa 3000 m Höhe. Ostwärts bis zur russischen Insel Sachalin sowie in den Norden Chinas und Nordkoreas. Vor allem in offenen und halboffenen Lebensräumen mit relativ hoher Luftfeuchtigkeit und starken Tag-Nacht-Temperaturschwankungen, z. B. Moorrandbereiche, strukturreiche Heideflächen, Geröllfelder, Steinbrüche, Kahlschläge in Fichtenkulturen oder Waldränder.

Wissenswertes Tagaktive, scheue Viper, deren Gift v. a. auf Blut und Gefäßsystem wirkt. Bissunfälle sind meist schmerzhaft, verlaufen aber extrem selten tödlich. Die Nahrung besteht aus Mäusen, jungen Vögeln, Fröschen und Eidechsen. Winterruhe in Mitteleuropa von Oktober bis März, Paarungen und Kommentkämpfe (siehe Äskulapnatter, S. 218) der Männchen finden im April oder Mai statt. Lebend gebärende Art, die im Spätsommer 5–20 Jungtiere absetzt. Nördlich des Polarkreises beträgt die jährliche Aktivitätsphase oft nur 17–18 Wochen.

Unterarten Die Unterartgliederung der Kreuzottern ist noch umstritten, neben der Nominatform *V. b. berus* mit dem weitaus größten Verbreitungsgebiet (von Großbritannien bis in den fernen Osten) ist aus dem Balkan (von Slowenien bis Griechenland) die etwas kleinere, z.T. auch als eigenständige Art betrachtete Balkan-Kreuzotter *V. b. bosniensis* beschrieben. Die frühere Unterart *V. b. sachalinensis* wird mittlerweile meist als eigene Art betrachtet.

Schwärzling der Kreuzotter

Weitere Arten Die **Iberische Kreuzotter** (*Vipera seoanei*, Verbreitung in Blau) bewohnt in 2 Unterarten (*V. s. seoanei*, *V. s. cantabrica*) ausschließlich den Norden der Iberischen Halbinsel (entlang der Kantabrischen Küste bis auf 1900 m).

Verwechslungsarten Siehe Aspisviper, S. 238

Iberische Kreuzotter

Wiesenotter

Vipera ursinii
Vipern *Viperidae*

> 30–50 cm
> Kreuzottern-Gruppe
> Schnauze nicht aufgewölbt; Pupillen senkrecht; Zickzackmuster; 19 Reihen gekielter Schuppen

Merkmale Kleinste europäische Viper (in Europa unter 50 cm Länge, in Mittelasien auch etwas größer); robust gebaut mit schmalem, kaum vom Körper abgesetztem Kopf. Schnauze nicht aufgewölbt, Pupillen senkrecht schlitzförmig. Oberseite ähnlich der größeren Kreuzotter, meist hell- bis gelblich grau oder bräunlich mit einem dunkelbraunen Zickzack- oder Wellenlinienband, das in der Regel deutlich schwarz umrandet ist (im Gegensatz zur Kreuzotter, siehe S. 234). Flanken mit dunklen Flecken, V-förmige, mit der Spitze nach vorn gerichtete Kopfzeichnung und dunkles, von der Schnauze bis zum Hals reichendes Schläfenband. Männchen meist kontrastreicher gezeichnet. Bauch grau, rötlich oder schwarz, in der Regel mit schwarzen Flecken, Schwanzunterseite oft gelb oder bräunlich. Eine Reihe größerer Schilder (neben kleineren Schuppen) auf der Kopfoberseite. Afterschild ungeteilt. 19 stark gekielte Rückenschuppen um die Körpermitte, deshalb ein „raues" Aussehen.

Lebensraum Eine der seltensten und am meisten bedrohten europäischen Vipernarten; kommt nur lückenhaft in kleinen, voneinander isolierten Populationen in Südostfrankreich, Mittelitalien, Ungarn (in Niederösterreich heute ausgestorben) und Teilen des Balkans vor. Vor allem in höheren Lagen bis etwa 2000 m (im Osten auch im Flachland), in besonnten, offenen Lebensräumen wie grasige Berghänge, Hochebenen, Geröllfelder und mit Büschen durchsetzte Wiesen, häufig auch in der Nähe von Gewässern oder in feuchten Senken vorkommend.

Wissenswertes Tagaktive, aber relativ versteckt (z. B. in Nagetiergängen) lebende, scheue Viper, deren Gift weniger wirksam ist als das der anderen europäischen Arten. Bissunfälle sind zwar schmerzhaft, verlaufen aber nicht tödlich. Die Nahrung besteht v. a. aus großen Insekten wie Grillen, Eidechsen und jungen Mäusen. Nach einer bis zu sechsmonatigen Winterruhe finden von März bis Mai die Paarungen statt. Das lebend gebärende Weibchen setzt im August oder September 4–12 Jungtiere ab.

Unterarten Die Unterartgliederung ist stark umstritten, im Moment sind in Europa zumindest 2 Unterarten anerkannt, die Nominatform *V. u. ursinii* aus Mittelitalien und die **Donau-Wiesenotter** (Fotos S. 236) *V. u. rakosiensis* aus den Donauniederungen von Ungarn bis Bulgarien. Die Eingliederung der weiteren Unterarten, der **Französischen Wiesenotter** *V. u. wettsteini* (Südostfrankreich), der **Balkan-Wiesenotter** *V. u. macrops* (südwestlicher und zentraler Balkan) sowie der **Griechischen Wiesenotter** *V. u. graeca* (Nord- und Mittelgriechenland) ist noch in der Diskussion.

V. u. ursinii, Italien

Weitere Arten Die östliche **Steppenotter** (*Vipera renardi*, Verbreitung in Blau), die bis vor kurzem als weitere Unterart der Wiesenotter galt, unterscheidet sich durch 21 Rückenschuppen um die Körpermitte.

Französische Wiesenotter

Aspisviper

Vipera aspis

Vipern *Viperidae*

> 60–85 cm
> Hornottern-Gruppe
> Schnauze kantig, aufgewölbt; Pupillen senkrecht; oft mit Barrenmuster; 21–23 Reihen gekielter Schuppen

Merkmale Mittelgroße, gedrungen gebaute Viper mit kurzem Schwanz, kantigem, deutlich vom Körper abgesetztem und dreieckig wirkendem Kopf sowie aufgewölbter Schnauzenregion (aber kein Schnauzenhorn). Pupillen senkrecht schlitzförmig. Oberseite hellgrau, gelblich, bräunlich oder rötlich bis orangebraun, manchmal auch schwarz (v. a. in den Alpen), mit 2 Reihen dunkler, versetzt stehender, rechteckiger Flecken oder Querbarren, die auch zu einem Wellenlinien- oder Zickzackband verschmolzen sein können. Flanken mit kleinen oder großen, in der Regel versetzt zur Rückenzeichnung stehenden dunklen Flecken. Männchen sind meist etwas länger und kontrastreicher gefärbt als die Weibchen. Unterseite grau, z. T. dunkel gefleckt, Schwanzunterseite oft gelblich oder orange. Kopfoberseite in der Mitte nur mit kleinen Schildern bedeckt. Afterschild ungeteilt. 21–23 gekielte Rückenschuppen um die Körpermitte.

Lebensraum In Teilen West- und Mitteleuropas, von Nordostspanien über Frankreich, die Schweiz und Süddeutschland bis nach Italien. Vor allem im Hügelland und Mittelgebirge, in den Alpen und Pyrenäen bis maximal 3000 m Höhe. In Deutschland sehr selten und stark gefährdet, es ist nur ein kleines, isoliertes Vorkommen in Baden-Württemberg (südlicher Schwarzwald), am nordöstlichen Arealrand, bekannt. Bewohnt v. a. südexponierte, trockene, vegetationsbestandene Berghänge, aber auch sonnige Flusstäler, moorige Wiesen, lichte Wälder oder offene, mit Gebüsch und Felsen durchsetzte Flächen.

Wissenswertes Tagaktive, bodenlebende Viper mit starkem Gift, das wesentlich wirksamer als das der Kreuzotter ist (kann für Menschen u.U. tödlich sein). Die Beute besteht vor allem aus Mäusen, aber auch aus Eidechsen und kleinen Vögeln, die durch den Giftbiss getötet werden. Nach einer mehrmonatigen Winterruhe finden im April und Mai die Paarungen statt. Die lebendgebärenden Weibchen setzen im August oder September 5–15 Jungtiere ab.

Unterarten Fünf Unterarten sind heute meist anerkannt, neben der Nominatform *V. a. aspis* aus Nord- und Zentralfrankreich sowie

V. a. hugyi, Sizilien

Deutschland *V. a. zinnikeri* (spanische und französische Pyrenäen), *V. a. atra* (Nordwestitalien, Südostfrankreich, Schweiz), *V. a. hugyi* (Süditalien und Sizilien) und *V. a. francisciredi* (Nord- und Zentralitalien). Vor kurzem wurden diese Unterarten (bis auf die zuletzt genannte) sogar in den Artrang erhoben, doch ist dies noch nicht allgemein akzeptiert.

Verwechslungsarten Kreuzotter und Wiesenotter ohne aufgewölbte Schnauzenregion, Sandotter und Stülpnasenotter mit deutlichem Schnauzenhorn.

Exemplar mit typischer Rückenzeichnung

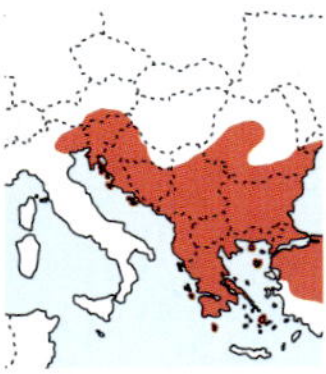

Europ. Hornotter, Sandotter

Vipera ammodytes
Vipern *Viperidae*

> 60–100 cm
> Hornottern-Gruppe
> Schnauzenhorn; Pupillen senkrecht; Zickzackmuster; 21–23 Reihen gekielter Schuppen; Balkan

Merkmale Große, kräftige Viper mit kurzem Schwanz und deutlich vom Rumpf abgesetztem, dreieckigem Kopf. Auf den Ägäischen Inseln leben z. T. auch Populationen mit kleinen Exemplaren von nur 40–50 cm Länge. Schnauze mit auffälligem, weichem, schuppenbesetztem Schnauzenhorn. Pupillen senkrecht schlitzförmig. Oberseite weiß, hell- bis dunkelgrau, gelblich, braun, rötlich oder schwarz, auf der Rückenmitte mit einem dunklen, mehr oder weniger breiten Zickzack-, Rauten- oder Wellenband. Flanken oft mit dunklen Flecken oder Punkten. Männchen in der Regel länger als die Weibchen, heller gefärbt und mit einer deutlicheren Kopf- und Körperzeichnung. Bauch grau mit braunen Flecken, Schwanzunterseite oft gelblich, rötlich oder grünlich. Kopfoberseite mit vielen kleinen Schuppen, ohne große Schilder. Afterschild ungeteilt. 21–23 gekielte Rückenschuppen um die Körpermitte.

Lebensraum Auf der Balkanhalbinsel, von Nordostitalien bis Griechenland (einschließlich vieler Kykladeninseln) sowie in Klein-

asien. Im Flach- und Bergland bis etwa 2500 m, v. a. an trockenen, sonnigen Felshängen und Steinmauern, in lichten Laubwäldern, verwilderten Gärten oder auf buschbestandenen Geröllflächen (trotz des Namens kaum auf Sand).
Wissenswertes Tag- und dämmerungsaktive, überwiegend bodenlebende Viper, die aber auch zwischen Felsen und an niedrigen Büschen klettert. Es handelt sich um eine relativ ruhige Schlange, die in der Regel bei Gefahr flieht oder auf ihre Schutzfärbung vertraut und nur im äußersten Notfall beißt. Sie besitzt allerdings eines der stärksten, v. a. auf Blut und Gefäßsystem wirkenden Gifte aller europäischen Vipern und kann für Menschen tödlich sein. Die Nahrung besteht aus Mäusen, aber auch Vögeln, Eidechsen, anderen Schlangen und selbst aus großen Insekten wie Grillen und Heuschrecken, die mit einem Giftbiss getötet werden. Nach einer, je nach klimatischen Verhältnissen, zwei- bis sechsmonatigen Winterruhe finden im Frühjahr die Paarungen mit eindrucksvollen Kommentkämpfen der Männchen statt (siehe Äskulapnatter, S. 218). Die Weibchen sind lebend gebärend und bringen von August bis Oktober etwa 5–20 Jungtiere zur Welt.
Unterarten Aus dem westlichen Verbreitungsgebiet der Sandotter sind 6 Unterarten bekannt, deren Gültigkeit, mit Ausnahme der südlichen *V. a. meridionalis*, heute allerdings stark umstritten ist: *V. a. ruffoi* aus den norditalienischen Alpen, *V. a. ammodytes* und *V. a. montandoni* aus zentralen und östlichen Teilen des Balkans, *V. a. gregorwallneri* und *V. a. illyrica* aus dem nordwestlichen Balkan und *V. a. meridionalis* aus dem südlichen Balkangebiet.

Sand- oder Hornotter mit dem typischen Schnauzenhorn

Griechische Sandotter (V. a. meridionalis)

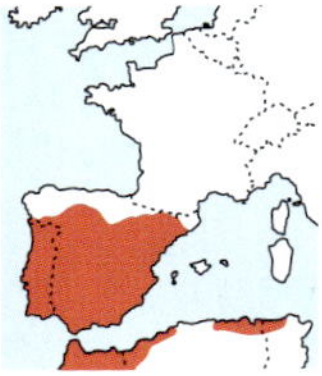

Stülpnasenotter

Vipera latastei
Vipern *Viperidae*

- 60–75 cm
- Hornottern-Gruppe
- Schnauzenhorn klein; Pupillen senkrecht; Zickzackmuster; 21 Reihen gekielter Schuppen; Iberien

Merkmale Mittelgroße, kräftige Viper mit kurzem Schwanz und breitem, deutlich vom Körper abgesetztem Kopf. Kleines Schnauzenhorn aus 3–7 hochgebogenen Schuppen. Pupillen senkrecht schlitzförmig. Oberseite grau, braun, seltener rötlich oder schwarz, in der Mitte mit dunklem (bei Weibchen bräunlich aufgehelltem), schwarz umrandetem Zickzack- oder Wellenband. V-förmige Kopfzeichnung, Flanken mit dunklen Flecken. Unterseite grau mit hellen und dunklen Punkten. Kopfoberseite bis auf die großen Überaugenschilder nur mit kleinen Schuppen. Afterschild ungeteilt. 21 gekielte Rückenschuppen um die Körpermitte.

Lebensraum Iberische Halbinsel und Nordwestafrika, von Meereshöhe bis 1800 m, selten bis 3000 m (Sierra Nevada, Spanien). In sonnigen, vegetationsreichen Geröllhängen, lichten Laubwäldern.

Wissenswertes Siehe Hornotter, S. 240.

Unterarten Nominatform *V. l. latasti* im Norden und Osten der Iberischen Halbinsel, *V. l. gaditana* im Südwesten und in Nordwestafrika.

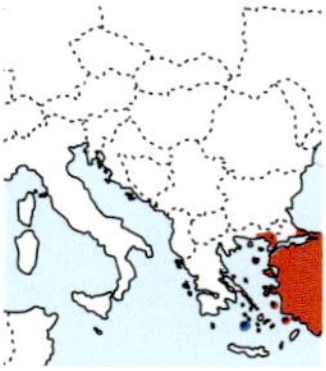

Bergotter

Montivipera xanthina
Vipern *Viperidae*

> 80–120 cm
> Orientalische Ottern (Zuordnung umstritten)
> Pupillen senkrecht; 2 kleine und 2 große Kopfflecken; Wellenband; 23–25 Reihen gekielter Schuppen

Merkmale Große, kräftige Viper mit breitem, dreieckigem, deutlich vom Rumpf abgesetztem Kopf. Pupillen senkrecht schlitzförmig. Ohne Schnauzenhorn. Oberseite hellgrau, silberweiß oder bräunlich, in der Mitte mit dunkelbraunem, schwarz umrandetem Rauten- oder Wellenband. Charakteristische kräftige Kopfzeichnung aus 2 kleinen Punkten und (dahinter liegend) 2 großen, tropfenförmigen Flecken. Flanken mit dunklen Barren. Bauch hellgrau, dunkel gesprenkelt. Kopf bis auf die Überaugenschilder klein beschuppt. 23–25 gekielte Rückenschuppen um die Körpermitte.

Lebensraum In Kleinasien (bis etwa 2500 m) und auf griechischen Inseln wie Lesbos, Chios, Samos, Patmos oder Kalymnos. An sonnigen, relativ feuchten, vegetationsreichen Geröllhängen, in lichten Laubwäldern oder auf Kulturland.

Wissenswertes Sehr giftig, kann für Menschen tödlich sein.

Verwechslungsarten Auf den Kykladeninseln Milos, Syphnos, Kimolos, Polynos lebt die ebenfalls sehr giftige **Milosotter** (*Macrovipera schweizeri*, Verbreitung in Blau).

Herpetologische Adressen (Stand: Mai 2005)

Deutsche Gesellschaft für Herpetologie und Terrarienkunde (DGHT)
http://www.dght.de/
Weltweit größte Vereinigung (über 8000 Mitglieder) zur Förderung der Herpetologie in Wissenschaft und Forschung, im Bereich des Natur- und Artenschutzes und im Rahmen von Haltung, Pflege und Zucht. Die DGHT gibt mehrere Fachzeitschriften heraus, z. B. Salamandra, Mertensiella und Elaphe. Arbeitsgemeinschaften der DGHT, wie die AG Feldherpetologie, AG Anuren (Froschlurche), AG Urodelen (Schwanzlurche), AG Lacertiden (Eidechsen), AG Schildkröten oder AG Schlangen, befassen sich schwerpunktmäßig mit herpetologischen Themen. Großes Internet-Forum.

Global Amphibian Assessment (GAA)
http://www.globalamphibians.org/
Englischsprachige Übersicht über alle Amphibienarten der Welt mit Verbreitungskarten, Gefährdungsgrad und Schutzmaßnahmen.

Amphibia-Web
http://elib.cs.berkeley.edu/aw/
Englischsprachige Seite zu den Amphibien der Welt (Artenlisten, Fotos).

Amphibian Species of the World 3.0, an Online Reference
http://research.amnh.org/herpetology/amphibia/
Übersicht über die Amphibien weltweit; englischsprachige Seite des American Museum of Natural History (Artenlisten mit Synonymen, Literaturhinweise).

The EMBL Reptile Database
http://www.reptile-database.org
Englischsprachige Übersicht über die weltweit bekannten Reptilienarten (Artenlisten, Synonyme, Literaturhinweise, Fotos).

Frösche-Frogs-Anuros
http://www.kwet.de/
Herpetologische Homepage des Staatlichen Museums für Naturkunde in Stuttgart mit Artenlisten, Steckbriefen und zahlreichen Fotos europäischer (und südamerikanischer) Amphibien und Reptilien sowie Allgemeines zu Fröschen und Museumsforschung.

Amphibien- und Reptilienschutz aktuell
http://www.amphibienschutz.de/
Amphibienschutz und Steckbriefe aller deutschen Amphibien- und Reptilienarten.

Kaulquappen
http://www.kaulquappe.de/
Bestimmung von Kaulquappen und Steckbriefe der deutschen Amphibien.

Amphibien und Reptilien Österreichs
http://www.herpetofauna.at/
Steckbriefe und Fotos der Amphibien und Reptilien von Österreich.

Koordinationsstelle für Amphibien- und Reptilienschutz in der Schweiz
http://www.karch.ch/
Steckbriefe, Fotos und Verbreitungskarten der Amphibien und Reptilien der Schweiz.

Amphibians and Reptiles of Europe
http://www.herp.it/
Fotografische Übersicht der europäischen Amphibien und Reptilien.

Societas Europaea Herpetologica (SEH)
http://www.gli.cas.cz/SEH/
Vereinigung europäischer Herpetologen, gibt die englischsprachige Zeitschrift Amphibia-Reptilia heraus.

Österreichische Gesellschaft für Herpetologie (ÖGH)
http://www.nhm-wien.ac.at/nhm/herpet/
Vereinigung österreichischer Herpetologen, gibt die deutsch- und englischsprachige Zeitschrift Herpetozoa heraus.

Asociación Herpetológica Española (AHE)
http://www.herpetologica.org/
Vereinigung spanischer Herpetologen, gibt u. a. die englisch- und spanischsprachige Zeitschrift Revista Española de Herpetologia heraus.

World Conservation Union (IUCN)
http://www.redlist.org/
Rote Listen der weltweit gefährdeten Tier- und Pflanzenarten, u. a. Koordination von Amphibien- und Reptilienschutzprojekten.

Declining Amphibian Population Task Force (DAPTF)
http://www.open.ac.uk/daptf/index.htm

Internationale Arbeitsgruppe zum Schutz der Amphibien, 1991 von der „Species Survival Commission“ (SSC) der „World Conservation Union“ (IUCN) gegründet.

Zeitschriften und regelmäßige Monographien

Salamandra, DGHT: erscheint vierteljährlich. Veröffentlicht wissenschaftliche Originalbeiträge aus dem Gebiet der Herpetologie.
Mertensiella, DGHT: erscheint mit 1–2 Heften pro Jahr. Beinhaltet monografische Themen, feldherpetologische Tagungsergebnisse etc.
Amphibia-Reptilia, SEH, erscheint vierteljährlich. Wissenschaftliche Originalbeiträge.
Herpetozoa, ÖGH, erscheint vierteljährlich. Wissenschaftliche Originalbeiträge.
Zeitschrift für Feldherpetologie, Laurenti-Verlag, Bielefeld. Erscheint halbjährlich. Originalbeiträge zur Freilandökologie mit angewandtem Lurch- und Kriechtierschutz, geografischer Schwerpunkt Mitteleuropa.
Beiheft zur Zeitschrift für Feldherpetologie, Laurenti-Verlag, Bielefeld. Erscheint mit 1–2 Heften pro Jahr. Monografische Bearbeitungen einer Art oder Artengruppe der in Deutschland vorkommenden Amphibien und Reptilien.
Supplement zur Zeitschrift für Feldherpetologie, Laurenti-Verlag, Bielefeld. Erscheint mit 1–3 Heften pro Jahr. Unterschiedliche feldherpetologische Themen, z. B. Tagungsergebnisse, Herpetofaunen, Dissertationen oder Fachgutachten.
Draco, NT-Verlag, Münster. Erscheint vierteljährlich. Monografische Bearbeitungen einer Lurch- oder Kriechtiergruppe oder eines herpetologischen Lebensraums.
Die „Weiße Reihe“ (Frankfurter Beiträge zur Naturkunde), Edition Chimaira, Frankfurt. Monographien zu unterschiedlichen herpetologischen Themen, oft mit geografischem Schwerpunkt.
Die Neue Brehm-Bücherei, Westarp, Magdeburg. Monographien zu unterschiedlichen herpetologischen Themen.

Weiterführende Literatur (Auswahl)

ARNOLD, E.N. & J.A. BURTON (1983): **Pareys Reptilien- und Amphibienführer Europas**. Hamburg, Berlin, Paul Parey (2. Auflage). 270 Seiten.
ARNOLD, E.N. & D. OVENDEN (2002): **A Field Guide to the Reptiles and Amphibians of Britain and Europe**. London, HarperCollins (2. Auflage). 288 Seiten.
BÖHME, W. (Hrsg.) (1981): **Handbuch der Reptilien und Amphibien Europas** – Band 1: Echsen I. Wiesbaden, Akademische Verlagsgesellschaft. 520 Seiten.
BÖHME, W. (Hrsg.) (1984): Handbuch der Reptilien und Amphibien Europas – Band 2/I: Echsen II (Lacerta). Wiesbaden, Aula. 416 Seiten.
BÖHME, W. (Hrsg.) (1986): Handbuch der Reptilien und Amphibien Europas – Band 2/II: Echsen III (Podarcis). Wiesbaden, Aula. 436 Seiten.
BÖHME, W. (Hrsg.) (1993): Handbuch der Reptilien und Amphibien Europas – Band 3/I: Schlangen I. Wiesbaden, Aula. 480 Seiten.
BÖHME, W. (Hrsg.) (1999): Handbuch der Reptilien und Amphibien Europas – Band 3/II: Schlangen II. Wiesbaden, Aula. 350 Seiten.
CABELA, A., GRILLITSCH, H. & F. TIEDEMANN (2001): **Atlas zur Verbreitung und Ökologie der Amphibien und Reptilien in Österreich**. Wien, Umweltbundesamt. 880 Seiten.
DUGUET, R. & F. MELKI (Hrsg., ACEMAV coll.) (2003): **Les Amphibiens de France, Belgique et Luxembourg.** Mèze, Frankreich, Collection Parthénope, éditions Biotope. 480 Seiten.
ENGELMANN, W.-E., FRITZSCHE, J., GÜNTHER, R. & F. J. OBST (1993): **Lurche und Kriechtiere Europas**. Radebeul, Neumann (2. Auflage). 440 Seiten.
FRITZ, U. (Hrsg.) (2001): **Handbuch der Reptilien und Amphibien Europas**. Wiesbaden, Aula. Band 3/IIIA: Schildkröten I. Wiebelsheim, Aula. 596 Seiten.
GASC, J.-P., CABELA, A., CRNOBRNJA-ISAILOVIC, J., DOLMEN, D., GROSSENBACHER, K., HAFFNER, P., LESCURE, J., MARTENS, H., MARTINEZ RICA, J.P., MAURIN, H., OLIVEIRA, M.E., SOFIANIDOU, T.S.,

VEITH, M. & A. ZUIDERVIJK (Hrsg.) (1997): **Atlas of Amphibians and Reptiles in Europe**. Paris, Societas Europaea Herpetologica, Museum National d'Histoire Naturelle. 493 Seiten.

GROSSENBACHER, K. & B. THIESMEIER (Hrsg.) (1999): **Handbuch der Reptilien und Amphibien Europas**. Band 4/I: Schwanzlurche I. Wiesbaden, Aula. 408 Seiten.

GROSSENBACHER, K. & B. THIESMEIER (Hrsg.) (2003): Handbuch der Reptilien und Amphibien Europas. Band 4/II: Schwanzlurche IIA. Wiebelsheim, Aula. 350 Seiten.

GRUBER, U. (1989): **Die Schlangen Europas und rund ums Mittelmeer**. Stuttgart, Franckh-Kosmos. 248 Seiten.

GÜNTHER, R. (Hrsg.) (1996): **Die Amphibien und Reptilien Deutschlands**. Jena, Stuttgart, Lübeck, Ulm, Gustav Fischer. 825 Seiten.

HOFER, U., MONNEY, J.-C. & G. DUŠEJ (KARCH, Hrsg.) (2001): **Die Reptilien der Schweiz**. Verbreitung, Lebensräume, Schutz. Basel, Birkhäuser. 202 Seiten.

KWET, A. & A. SCHLÜTER (2002): **Frösche und Co: Froschlurche – Leben zwischen Land und Wasser**. Stuttgarter Beiträge zur Naturkunde, Serie C (Wissen für alle), Heft 51. 104 Seiten.

MALKMUS, R. (2004): **Amphibians and Reptiles of Portugal, Madeira and the Azores-Archipelago**. Ruggell, A.R.G. Gantner. 448 Seiten.

NÖLLERT, A. & C. NÖLLERT (1992). **Die Amphibien Europas**: Bestimmung – Gefährdung – Schutz. Stuttgart, Franckh-Kosmos. 382 Seiten.

PLEGUEZUELOS, J.M., MÁRQUEZ, R. & M. LIZANA (Hrsg.) (2002): **Atlas y Libro Rojo de los Anfibios y Reptiles de España**. Madrid, Asociación Herpetológica Española (2. Auflage). 587 Seiten.

SCHREIBER, E. (1912). **Herpetologia Europaea**. Eine systematische Bearbeitung der Amphibien und Reptilien, welche bisher in Europa aufgefunden sind. Jena, Gustav Fischer Verlag (2. Auflage). 960 Seiten.

THIESMEIER, B. & K. GROSSENBACHER (Hrsg.) (2004): **Handbuch der Reptilien und Amphibien Europas**. Band 4/II: Schwanzlurche IIB. Wiebelsheim, Aula. 380 Seiten.

Systematische Artenübersicht

Schwanzlurche

Salamander und Molche (Salamandridae)

Landsalamander

Feuersalamander (*Salamandra salamandra*)

Korsischer Feuersalamander (*Salamandra corsica*)

Karpathos-Salamander (*Lyciasalamandra helverseni*)

Alpensalamander (*Salamandra atra*)

Lanzas Alpensalamander (*Salamandra lanzai*)

Goldstreifen-Salamander

Goldstreifen-Salamander (*Chioglossa lusitanica*)

Brillensalamander

Brillensalamander (*Salamandrina terdigitata*)

Rippenmolche

Spanischer Rippenmolch (*Pleurodeles waltl*)

Gebirgsmolche

Pyrenäen-Gebirgsmolch (*Euproctus asper*)

Korsischer Gebirgsmolch (*Euproctus montanus*)

Sardischer Gebirgsmolch (*Euproctus platycephalus*)

Bergmolch-Gruppe

Bergmolch (*Triturus alpestris*)

Teichmolch-Gruppe

Teichmolch (*Triturus vulgaris*)

Fadenmolch (*Triturus helveticus*)

Karpatenmolch (*Triturus montandoni*)

Spanischer Wassermolch (*Triturus boscai*)

Italienischer Wassermolch (*Triturus italicus*)

Kammmolch-Gruppe

Kammmolch (*Triturus cristatus*)

Donau-Kammmolch (*Triturus dobrogicus*)

Alpen-Kammmolch (*Triturus carnifex*)
Balkan-Kammmolch (*Triturus karelinii*)
Marmormolch (*Triturus marmoratus*)
Zwergmarmormolch (*Triturus pygmaeus*)
Lungenlose Salamander (Plethodontidae)
Italienischer Höhlensalamander (*Speleomantes italicus*)
Sardischer Höhlensalamander (*Speleomantes genei*)
Olme (Proteidae)
Europäischer Grottenolm (*Proteus anguinus*)

Froschlurche

Unken (Bombinatoridae)
Rotbauchunke (*Bombina bombina*)
Gelbbauchunke (*Bombina variegata*)
Italienische Gelbbauchunke (*Bombina pachypus*)
Scheibenzüngler (Discoglossidae)
Geburtshelferkröten
Geburtshelferkröte (*Alytes obstetricans*)
Iberische Geburtshelferkröte (*Alytes cisternasii*)
Südiberische Geburtshelferkröte (*Alytes dickhilleni*)
Balearen-Geburtshelferkröte (*Alytes muletensis*)
Scheibenzüngler
Iberischer Scheibenzüngler (*Discoglossus galganoi*)
Südiberischer Scheibenzüngler (*Discoglossus jeanneae*)
Gemalter Scheibenzüngler (*Discoglossus pictus*)
Korsischer Scheibenzüngler (*Discoglossus montalenti*)
Sardischer Scheibenzüngler (*Discoglossus sardus*)
Krötenfrösche (Pelobatidae)
Knoblauchkröte (*Pelobates fuscus*)
Messerfuß (*Pelobates cultripes*)
Syrische Schaufelkröte (*Pelobates syriacus*)
Schlammtaucher (Pelodytidae)
Westlicher Schlammtaucher (*Pelodytes punctatus*)
Iberischer Schlammtaucher (*Pelodytes ibericus*)
Kröten (Bufonidae)
Erdkröte (*Bufo bufo*)
Kreuzkröte (*Bufo calamita*)
Wechselkröte (*Bufo viridis*)
Laubfrösche (Hylidae)
Europäischer Laubfrosch (*Hyla arborea*)
Mittelmeer-Laubfrosch (*Hyla meridionalis*)
Tyrrhenischer Laubfrosch (*Hyla sarda*)
Italienischer Laubfrosch (*Hyla intermedia*)
Frösche (Ranidae)
Braunfrösche
Grasfrosch (*Rana temporaria*)
Moorfrosch (*Rana arvalis*)
Springfrosch (*Rana dalmatina*)
Italienischer Springfrosch (*Rana latastei*)
Italienischer Frosch (*Rana italica*)
Griechischer Frosch (*Rana graeca*)
Spanischer Frosch (*Rana iberica*)
Pyrenäenfrosch (*Rana pyrenaica*)
Wasserfrösche
Kleiner Wasserfrosch (*Rana lessonae*)
Teichfrosch (*Rana esculenta*)
Seefrosch (*Rana ridibunda*)
Epirus-Wasserfrosch (*Rana epeirotica*)
Skutari-Wasserfrosch (*Rana shqiperica*)
Kreta-Wasserfrosch (*Rana cretensis*)
Karpathos-Wasserfrosch (*Rana cerigensis*)
Iberischer Wasserfrosch (*Rana perezi*)
Grafscher Hybridfrosch (*Rana grafi*)
Italienischer Wasserfrosch (*Rana bergeri*)
Italienischer Hybridfrosch (*Rana hispanica*)
Nordamerikanischer Ochsenfrosch (*Rana catesbeiana*)

Schildkröten

Landschildkröten (Testudinidae)
Griechische Landschildkröte (*Testudo hermanni*)
Maurische Landschildkröte (*Testudo graeca*)
Breitrandschildkröte (*Testudo marginata*)
Taygetos-Breitrandschildkröte (*Testudo weissingeri*)
Altweltliche Sumpfschildkröten (Bataguridae)
Maurische Bachschildkröte (*Mauremys leprosa*)
Balkan-Bachschildkröte (*Mauremys rivulata*)

Neuweltliche Sumpfschildkröten (Emydidae)
Europäische Sumpfschildkröte (*Emys orbicularis*)
Rotwangenschmuckschildkröte (*Trachemys scripta elegans*)
Meeresschildkröten (Cheloniidae)
Unechte Karettschildkröte (*Caretta caretta*)
Suppenschildkröte (*Chelonia mydas*)

Echsen

Agamen (Agamidae)
Hardun (*Laudakia stellio*)
Chamäleons (Chamaeleonidae)
Europäisches Chamäleon (*Chamaeleo chamaeleon*)
Afrikanisches Chamäleon (*Chamaeleo africanus*)
Geckos (Gekkonidae)
Mauergecko (*Tarentola mauritanica*)
Europäischer Halbfinger (*Hemidactylus turcicus*)
Ägäischer Nacktfinger (*Cyrtopodion kotschyi*)
Europäischer Blattfinger (*Euleptes europaea*)
Eidechsen (Lacertidae)
Smaragdeidechsen
Zauneidechse (*Lacerta agilis*)
Östliche Smaragdeidechse (*Lacerta viridis*)
Westliche Smaragdeidechse (*Lacerta bilineata*)
Riesensmaragdeidechse (*Lacerta trilineata*)
Iberische Smaragdeidechse (*Lacerta schreiberi*)
Perleidechsen
Perleidechse (*Timon lepidus*)
„Eidechsen"
Griechische Spitzkopfeidechse (*Lacerta graeca*)
Östliche Gebirgseidechsen
Tyrrhenische Gebirgseidechse (*Archaeolacerta bedriagae*)
Mosor-Gebirgseidechse (*Archaeolacerta mosorensis*)
Dalmatinische Spitzkopfeidechse (*Archaeolacerta oxycephala*)
Iberische Gebirgseidechsen
Kroatische Gebirgseidechse (*Iberolacerta horvathi*)
Arán-Gebirgseidechse (*Iberolacerta aranica*)
Aurelios-Gebirgseidechse (*Iberolacerta aurelioi*)
Iberische Gebirgseidechse (*Iberolacerta monticola*)
Spanische Gebirgseidechse (*Iberolacerta cyreni*)
Martinez-Rica-Gebirgseidechse (*Iberolacerta martinezricai*)
Mauereidechsen
Mauereidechse (*Podarcis muralis*)
Spanische Mauereidechse (*Podarcis hispanica*)
Columbretes-Mauereidechse (*Podarcis atrata*)
Bocages Mauereidechse (*Podarcis bocagei*)
Carbonell-Mauereidechse (*Podarcis carbonelli*)
Pityusen-Mauereidechse (*Podarcis pityusensis*)
Balearen-Mauereidechse (*Podarcis lilfordi*)
Brilleneidechse (*Teira perspicillata*)
Madeira-Mauereidechse (*Teira dugesii*)
Tyrrhenische Mauereidechse (*Podarcis tiliguerta*)
Sizilianische Mauereidechse (*Podarcis wagleriana*)
Malta-Mauereidechse (*Podarcis filfolensis*)
Ruineneidechse (*Podarcis sicula*)
Äolische Mauereidechse (*Podarcis raffonei*)
Adriatische Mauereidechse (*Podarcis melisellensis*)
Taurische Eidechse (*Podarcis taurica*)
Skyros-Mauereidechse (*Podarcis gaigeae*)
Kykladen-Mauereidechse (*Podarcis erhardii*)
Milos-Mauereidechse (*Podarcis milensis*)
Peloponnes-Mauereidechse (*Podarcis peloponnesiaca*)
„Eidechsen"
Anatolische Felseneidechse (*„Lacerta" danfordi*)
Felseneidechsen
Kaukasische Wieseneidechse (*Darevskia praticola*)
Waldeidechsen
Waldeidechse, Bergeidechse (*Zootoca vivipara*)
Schlangenaugen

Europäisches Schlangenauge (*Ophisops elegans*)
Sandläufer
Algerischer Sandläufer (*Psammodromus algirus*)
Spanischer Sandläufer (*Psammodromus hispanicus*)
Fransenfinger
Europäischer Fransenfinger (*Acanthodactylus erythrurus*)
Kieleidechsen
Prachtkieleidechse (*Algyroides nigropunctatus*)
Peloponnesische Kieleidechse (*Algyroides moreoticus*)
Zwergkieleidechse (*Algyroides fitzingeri*)
Spanische Kieleidechse (*Algyroides marchi*)
Skinke, Glattechsen (Scincidae)
Iberischer Walzenskink (*Chalcides bedriagai*)
Gefleckter Walzenskink (*Chalcides ocellatus*)
Goldmabuye (*Mabuya aurata*)
Italienische Erzschleiche (*Chalcides chalcides*)
Westliche Erzschleiche (*Chalcides striatus*)
Johannisechse (*Ablepharus kitaibelii*)
Gesprenkelter Schlangenskink (*Ophiomorus punctatissimus*)
Schleichen (Anguidae)
Blindschleiche (*Anguis fragilis*)
Peloponnes-Blindschleiche (*Anguis cephallonicus*)
Scheltopusik (*Pseudopus apodus*)
Doppelschleichen (Amphisbaenidae)
Maurische Netzwühle (*Blanus cinereus*)
Türkische Netzwühle (*Blanus strauchi*)

Schlangen

Blindschlangen (Typhlopidae)
Wurmschlange, Blödauge (*Typhlops vermicularis*)
Riesenschlangen (Boidae)
Westliche Sandboa (*Eryx jaculus*)
Nattern (Colubridae)
Zornnattern
Hufeisennatter (*Hemorrhois hippocrepis*)
Algerische Zornnatter (*Hemorrhois algirus*)
Münzennatter (*Hemorrhois nummifer*)
Schlanknatter (*Platyceps najadum*)
Balkan-Zornnatter (*Hierophis gemonensis*)
Gyaros-Zornnatter (*Hierophis gyarosensis*)
Gelbgrüne Zornnatter (*Hierophis viridiflavus*)
Kaspische Zornnatter, Springnatter (*Dolichophis caspius*)
Katzennattern
Europäische Katzennatter (*Telescopus fallax*)
Zwergnattern
Kopfbinden-Zwergnatter (*Eirenis modestus*)
Glattnattern
Glattnatter, Schlingnatter (*Coronella austriaca*)
Girondische Schlingnatter (*Coronella girondica*)
Kapuzennattern
Kapuzennatter (*Macroprotodon cucullatus*)
Kletternattern
Vierstreifennatter (*Elaphe quatuorlineata*)
Äskulapnatter (*Zamenis longissimus*)
Italienische Äskulapnatter (*Zamenis lineatus*)
Leopardnatter (*Zamenis situla*)
Treppennatter (*Rhinechis scalaris*)
Eidechsennattern
Eidechsennatter (*Malpolon monspessulanus*)
Schwimmnattern
Ringelnatter (*Natrix natrix*)
Würfelnatter (*Natrix tesselata*)
Vipernatter (*Natrix maura*)
Vipern, Ottern (Viperidae)
Kreuzottern-Gruppe
Kreuzotter (*Vipera berus*)
Iberische Kreuzotter (*Vipera seoanei*)
Wiesenotter (*Vipera ursinii*)
Steppenotter (*Vipera renardi*)
Hornottern-Gruppe
Aspisviper (*Vipera aspis*)
Europäische Hornotter, Sandotter (*Vipera ammodytes*)
Stülpnasenotter (*Vipera latastei*)
Orientalische Ottern
Bergotter (*Montivipera xanthina*)
Milosotter (*Macrovipera schweizeri*)

Register